Belkacem Boumaraf
Rabah Bensaid
Alain Marre

Paysages et sols dans le Sahara

Belkacem Boumaraf
Rabah Bensaid
Alain Marre

Paysages et sols dans le Sahara

La morpho-pédogénèse de la vallée d'Oued Righ Sahara Nord Oriental

Presses Académiques Francophones

Impressum / Mentions légales
Bibliografische Information der Deutschen Nationalbibliothek: Die Deutsche Nationalbibliothek verzeichnet diese Publikation in der Deutschen Nationalbibliografie; detaillierte bibliografische Daten sind im Internet über http://dnb.d-nb.de abrufbar.
Alle in diesem Buch genannten Marken und Produktnamen unterliegen warenzeichen-, marken- oder patentrechtlichem Schutz bzw. sind Warenzeichen oder eingetragene Warenzeichen der jeweiligen Inhaber. Die Wiedergabe von Marken, Produktnamen, Gebrauchsnamen, Handelsnamen, Warenbezeichnungen u.s.w. in diesem Werk berechtigt auch ohne besondere Kennzeichnung nicht zu der Annahme, dass solche Namen im Sinne der Warenzeichen- und Markenschutzgesetzgebung als frei zu betrachten wären und daher von jedermann benutzt werden dürften.

Information bibliographique publiée par la Deutsche Nationalbibliothek: La Deutsche Nationalbibliothek inscrit cette publication à la Deutsche Nationalbibliografie; des données bibliographiques détaillées sont disponibles sur internet à l'adresse http://dnb.d-nb.de.
Toutes marques et noms de produits mentionnés dans ce livre demeurent sous la protection des marques, des marques déposées et des brevets, et sont des marques ou des marques déposées de leurs détenteurs respectifs. L'utilisation des marques, noms de produits, noms communs, noms commerciaux, descriptions de produits, etc, même sans qu'ils soient mentionnés de façon particulière dans ce livre ne signifie en aucune façon que ces noms peuvent être utilisés sans restriction à l'égard de la législation pour la protection des marques et des marques déposées et pourraient donc être utilisés par quiconque.

Coverbild / Photo de couverture: www.ingimage.com

Verlag / Editeur:
Presses Académiques Francophones
ist ein Imprint der / est une marque déposée de
OmniScriptum GmbH & Co. KG
Heinrich-Böcking-Str. 6-8, 66121 Saarbrücken, Deutschland / Allemagne
Email: info@presses-academiques.com

Herstellung: siehe letzte Seite /
Impression: voir la dernière page
ISBN: 978-3-8381-4465-8

Zugl. / Agréé par: URCA ,université de Reims Champagne Ardenne juin, 2013

Copyright / Droit d'auteur © 2014 OmniScriptum GmbH & Co. KG
Alle Rechte vorbehalten. / Tous droits réservés. Saarbrücken 2014

TITRE

Paysages et sols dans le Sahara.

La morpho-pédogénèse de la vallée d'Oued Righ Sahara Nord Oriental

BOUMARAF BELKACEM

Pr. Marre Alain et Pr. Bensaïd Rabah

DEDICACE

Je dédie ce travail à ma femme Inès qui m'a énormément soutenu pendant toutes ces années. Je lui dois une éternelle reconnaissance.

Mes pensées iront aussi vers mes parents qui m'ont permis par leurs prières de poursuivre mes études jusqu'à aujourd'hui

Resume

Au coure de cette étude, nous avons essayé de mettre en évidence les grandes lignes de l'évolution spatiale des caractères pédologiques, de certains sols sur une séquence établie à partir de la carte géomorphologiques, dans la vallée de l'oued Righ, région située dans le Sahara nord-oriental de l'Algérie. Nous avons grâce à une longue prospection choisi une région située sur la bordure nord du chott Mérouane. Là, nous avons pu identifier quatre niveaux géomorphologiques (numérotés de 1 à 4) à partir du niveau de base (la dépression fermée, le niveau 0).Nous avons réalisé pour cette étude neuf profils et procédé à 30 prélèvements d'échantillons de sols dont 22 ont subit un traitement diffractométrique au rayons X.

Dans chaque climat constant, chaque paysage engendre ses accumulations minérales selon la roche mère qui le constitue, et sur le plan géochimique les éléments issus de la dégradation des minéraux en amont sont reconstitués en aval. Dans le paysage saharien, les résultats analytiques et diffractométriques des échantillons des sols nous ont révélé une certaine rupture de ce schéma dû essentiellement au facteur éolien très caractéristique dans ces régions et aussi à la proximité de la nappe phréatique de la surface (niveau 1 et 2). En effet les résultats obtenus montrent que la distribution spatiale des sols est relativement bien liée à la position des unités géomorphologiques. Cela est particulièrement remarquable sur le niveau de base où l''accumulation salines particulièrement celle du gypse .est liée à la présence d'une nappe chargée en ions basiques qui agit sur certains minéraux secondaires comme précurseurs d'aggradation .et éventuellement de la néoformation de l'attapulgite. Par contre pour les niveaux 3 et 4 les minéraux identifiés sont quasiment issus d'héritages et d'apports latéraux.

Mots clés ; Sahara, Géomorphologie, Minéralogie, Salinité, Gypse , Chott .

ABSTRACT

In the run of this study, we have tried to highlight the outline of the spatial evolution of the soil characters in some soils on an established sequence on a geomorphological map, in the Valley of Oued Righ, area located in the Northern Sahara East of Algeria. We have thanks to a long survey selected an area on the northern edge of chott Mason and or we could identify 04 géomorphological levels (from 1 to 4) from the basic level (depression level, the o-level).We have carried out for this study 09 profiles and conducted 30 sampling of soils which 22 have underwent diffractometric treatment to the x-ray.

In each constant climate, each landscape creates its mineral accumulations in the bedrock which is, and on the geochemical map from elements of the degradation of minerals in height area reconstituted in downstream. In the Saharan landscape, diffractometric of soil samples and analytical results we are revealed a break of this schema due mainly to the very characteristic wind factor in these regions and to the proximity of the groundwater to the surface (level 1 and 2) also. Indeed the results obtained show that the spatial distribution of soil is relatively tied to position units geomorphological responsible for accumulation of basic deposit salt especially of gypsum .This charged basic ion water is on secondary as precursors of aggradations .and minerals possibly neoformation of attapulgite. For levels 3 and 4 minerals identified are almost from inheritance and side intake.

Key words; Sahara, geomorphology, mineralogy, salinity, gypsum, chott

REMERCIEMENTS

Je tiens tout d'abord à remercier Monsieur Alain Marre, professeur émérite à l'université de Reims Champagne-Ardenne, pour m'avoir accompagné et dirigé dans ce travail de recherches, ainsi que pour son aide et ses précieux conseils au cours de ces années. Je remercie également Monsieur Bensaid Rabah, professeur à l'université de Skikda, co-directeur de ce travail de thèse, pour m'avoir confié ce travail, et surtout pour sa sympathie, sa disponibilité, ses idées et conseils, ainsi que pour son aide précieuse de tous les jours. Merci enfin à Monsieur Vincent Barbin, directeur du laboratoire GEGENA de l'université de Reims Champagne-Ardenne qui m'a ouvert les portes de ce laboratoire de recherches

Je tiens à remercier Madame Marie Josée Penven, professeur émérite à l'université de Rennes II, et Monsieur Guillaume Pierre, professeur à l'université de Reims Champagne-Ardenne, d'avoir accepté d'être les rapporteurs de ce travail.

Je remercie également Monsieur Jean Louis Ballais professeur émérite à l'université de Provence, d'avoir accepté de participer à ce jury.

Je remercie aussi mon ami et collègue Kamel Guimeur chef du département d'agronomie de l'université de Biskra et le professeur Farhi kamel doyen de la faculté des sciences et sciences de la nature et de la vie de l'université de Biskra pour leur contribution à la finalisation de cette thèse. Merci également à Monsieur Fath Abid chercheur à l'INRA de Touggourt, pour son accueil au sein de son institut et pour ses réflexions et son aide si précieuse.

J'aimerais adresser un remerciement particulier à Lakhdar Sédira, chercheur à l'ESIEC, pour son aide, sa gentillesse et son soutien tout au long de ces années passées à Reims.

Je ne remercierai jamais assez la bienveillance du personnelle de l'école doctorale : Madame Véronique Delaitre et Madame Estelle Odinot, sans oublier Madame Brigitte Patat celle qui fut la première à m'accueillir à l'école doctorale. Une pensé particulière à Madame Sylvie Périquet du SRI et Monsieur Michel Lemoine du CROUS de Reims pour toute l'aide qu'ils m'ont donné durant ces années.

Ce travail n'aurait pu aboutir sans l'aide de nombreuses personnes. Que me pardonnent celles que j'oublie ici, mais j'adresse une pensée particulière à mes amis Nizar Seyari, du GEGENA, Salim Ménacer chercheur à l'ITDAS, Méhaoua Mohamed Séghire et Khaled Boukehil chercheurs à l'université de Biskra, qui m'ont énormément aidé pendant ces années.

Je garderai aussi à jamais le souvenir de la gentillesse et du bon accueil de Philippe et Elisabeth Duntze à Reims et de la famille Boumaraf et Berbach à Hussingy-Godbrange.

LISTE DES ABREVIATIONS

AT : ATTAPULGITE

CE: CONDUCTIVITE ELECTRIQUE

CEC : CAPACITE D'ECHANGE CATIONIQUE

CH : CHLORITE

CPS : COUP PAR SECONDE (INTENSITE)

GY : GYPSE

IL : ILLITE

QU : QUARTZ

SM: SMECTITE

TABLE DES MATIERES

	PAGE
INTRODUCTION GENERALE	1
CHAPITRE I : DESCRIPTION DES PAYSAGES	3
1. LES SOLS DE LA VALLEE DE L'OUED RIGH	3
2. LES PAYSAGES DE LA VALLEE DE L'OUED RIGH	6
2.1- Les versants	6
2.1.1- Les glacis	6
2.1.2- Les chotts	7
2.1.3- Les sebkhas	7
2.1.4- Les formations éoliennes	8
• Rides	8
• Voiles sableux	8
• Barkhanes	8
• Nebkas	8
• Massifs de dunes	9
2.2- Les palmeraies	9
3. CONCLUSION	10
CHAPITRE II : APPROCHE GEOMORPHOLOGIQUE	11
1. LA PROSPECTION	11
2. CHOIX DU PERIMETRE	13
3. LA CARTE GEOMORPHOLOGIQUE	13
4. ANALYSE DES PROFILS LONGITUDINAUX	15
4.1 Le niveau 0	15
4.2 Le niveau 1	16
4.3 Le niveau 2	17
4.4 Le niveau 3	20
4.5 Le niveau 4	22
5. ANALYSE SEQUENTIELLE	24
6. CONCLUSION	25
CHAPITRE III: APPROCHE PEDOLOGIQUE	26
1. LE CHOIX DES PROFILS	26
2. LES ANALYSES DE LABORATOIRE	27
2.1 Les analyses physico-chimiques	27
2.1.1- La granulométrie	27
2.1.2- Le calcaire total	27
2.1.3- La mesure du pH	27
2.1.4- La Mesure de la conductivité électrique	27
2.1.5- La mesure du gypse	27
2.1.6- Les sulfates	28

2.1.7 Les chlorures…………………………………………………………	**28**
2.1.8 Les carbonates………………………………………………………	**28**
2.1.9 Les cations solubles………………………………………………...	**28**
2.1.10- La capacité d'échange CEC………………………………………	**28**
2.2.Les analyse diffractométriques………………………………………………	**28**
2.2.1 La séparation de la fraction argile……………………………………	**28**
2.2.2 La diffraction aux rayons X…………………………………………	**30**
2.2.3 Les traitements effectués……………………………………………	**30**
2.3 Les examens morphoscopiques et microscopiques………………………	**30**
3.RESULTATS ET ANALYSES DES DONNEES ………………………………..	**31**
3.1 Niveau 1…………………………………………………………………	**31**
3.1.1 Les résultats et la synthèse morpho-analytique……………………	**31**
3.1.2 Les résultats et la synthèse diffractométrique……………………	**35**
3.2 Niveau 2 ………………………………………………………………	**37**
3.2.1 Les résultats et la synthèse morpho-analytique……………………	**37**
3.2.2 Les résultats et la synthèse diffractométrique……………………..	**42**
3.3 Niveau 3 ………………………………………………………………….	**46**
3.3.1 Les résultats et la synthèse morpho-analytique……………………	**46**
3.3.2 Les résultats et la synthèse diffractométrique…………………….	**49**
3.4 Niveau 4 ………………………………………………………………….	**51**
3.4.1 Les résultats et la synthèse morpho-analytique……………………	**51**
3.4.2 Les résultats et la synthèse diffractométrique…………………….	**54**
4.CONCLUSION………………………………………………………………..	**56**
CHAPITRE IV: SYNTHESES GENERALES…………………………………….	**58**
1.GENERALITE…………………………………………………………………..	**58**
2. LA REPARTITION SPATIALES DES FACTEURS MORPHO-PEDOGENETIQUES…………	**59**
2.1 Les niveaux 3 et 4………………………………………………………….	**59**
2.2 Les niveaux 2 et 1…………………………………………………………	**62**
3.LE GYPSE DANS LA VALLEE D'OUED RIGH …………………………….....	**64**
3.1 Résultats Du Fractionnement Granulométriques Du Gypse……………….	**64**
4.LES RELATIONS SPATIO-TEMPORELLES ENTRE LES DIVERSES FORMATIONS…………	**67**
5.MISE en valeur et perspectives………………………………………………	**70**
CONCLUSION GENERALE …………………………………………………….	**71**
REFERENCES BIBLIOGRAPHIQUES………………………………………….	**73**
ANNEXES………………………………………………………………………..	**81**

LISTE DES FIGURES

N° de la figure	Titre de la figure	N° de la page
Figure II.1	La localisation géographique de la vallée d'oued Righ (Ballais ,2010)	12
Figure II.2	Carte géomorphologique de la zone d'étude	14
Figure III.1	La répartition linéaire des profils	29
Figure III.2	La précipitation des sels solubles à partir d'une nappe chargée selon Timpson 1986	33
Figure IV.1	La coupe géologique de la vallée de oued Righ (Cornet 1961)	59
Figure IV.2	Description morphologique des profils des niveaux 3 et 4	61
Figure IV-3	Description des profiles du niveau 1 et 2	63
Figure IV.4	fractionnement granulométrique des echantillons du niveau 1et 2	65
Figure IV.5	Taux du gypse et de calcaire totale dans la fraction fine et grossière issue des échantillons du niveaux 1 et 2	65
Figure IV-6	Répartition spatiale des principaux mécanismes pédogénétiques dans la vallée de l'oued Righ.	69

LISTE DES TABLEAUX

N° du tableau	Titre du tableau	N° de la page
Tableau I.1	Les principaux types de sols au Sahara algérien (CPCS ,1967 in Halilet, (1998)	4
Tableau I.2	Les sols caractéristiques de la vallée de l'Oued Righ (SOGREAH, 1971)	5
Tableau III.1	La répartition des prélèvements par niveau	27
Tableau III.2	Influence de la concentration en NaCl sur la solubilité du gypse.(Durand, 1963)	30
Tableau III.3	Principaux traitements effectués.	31
Tableau III.4	Les résultats des analyses physico-chimiques du niveau 1	34
Tableau III.5	Les résultats des analyses diffractométriques du niveau 1	36
Tableau III.6	Les résultats des analyses physico-chimiques du niveau 2	41
Tableau III.7	Résultats des analyses diffractométriques du niveau 2	44
Tableau III.8	Les résultats des analyses des analyses physico-chimiques du niveau 3	48
Tableau III.9	Résultats des analyses diffractométriques du niveau 3	50
Tableau III.10	Les résultats des analyses physico-chimiques du niveau 4	53
Tableau III.11	Résultats des analyses diffractométriques du niveau 4	55

LISTE DES PHOTOS

N° de la photo	Titre de la photo	N° de la page
Photo II.1	Le Chott Mérouane (cliché Boumaraf, 2012)	15
Photo II.2	Transition entre les niveaux 2 et 1. On observe les traces de ravinements vers la sebkha (cliché Boumaraf ,2012)	16
Photo II.3	Vue générale du niveau 2. Photo prise juste en contrebas du niveau 3 (cliché Boumaraf, 2012)	17
Photo II.4	Croute gypseuse surmontée par un voile de sable sur le niveau 2. (cliché Boumaraf, 2012)	18
Photo II.5	Etat de la surface dans la partie amont du niveau 2 (cliché Boumaraf, 2012)	18
Photo II.6	Diverses formes de gypse aciculaire et ovoïdes dans les sables de recouvrement (agrandissement X50) (cliché Boumaraf, 2012)	19
Photo II.7	Roses des sables à structure massive (cliché Boumaraf, 2012)	19
Photo II.8	Blocs disloqués du niveau 4 (cliché Boumaraf, 2012)	20
Photo II.9	Blocs et brèches au pied du versant (cliché Boumaraf, 2012)	21
Photo II.10	Butte témoin isolée dans le niveau 3. Photo prise à partir du niveau 4. On aperçoit au fond le chott Mérouane (cliché Boumaraf, 2012)	21
Photo II.11	Talus de la formation tabulaire du niveau 4 surplombant la vallée de l'oued Righ (cliché Boumaraf, 2012)	22
Photo II.12	Dalle de gypse à aspect vitreux dans le niveau 4 (cliché Boumaraf, 2012)	23
Photo II.13	La morphologie feuilletée au niveau des croûtes avec des excavations à leur base de dimensions variables (cliché Boumaraf, 2012)	23
Photo III.1	Cristaux de sels agglomérés sur une racine (Cliché, Boumaraf, 2012)	32
Photo III.2	Imprégnation de la matrice gypseuse sur le quartz observée sur un échantillon d1 (30-60cm) (Cliché, Boumaraf, 2012	33
Photo III.3	Fibre d'attapulgite pseudo feuillets à couches octaédriques en bandes parallèles (cliché Boumaraf, 2012)	37
Photo III.4	Forte présence du gypse associés aux grains des sables de recouvrements, profil : c2, horizon (0 - 45cm). (Cliché, Boumaraf, 2012)	38
Photo III.5	formes lenticulaires et aciculaires des cristaux de gypses (Boumaraf,2012)	38
Photo III.6	Cristaux de gypse de formes sub-angulaires (Cliché, Boumaraf, 2012)	39
Photo III.7	Cristaux de calcite agglutinés par le gypse (Cliché, Boumaraf, 2012)	40
Photo III.8	Rugosité sur la surface d'un grain de sable (Cliché, Boumaraf, 2012)	42
Photo III.9	Agrandissement de la photo 21 ou on distingue l'incrustation d'argiles à l'intérieur des micros pores et à la surface des grains de sable (Cliché, Boumaraf, 2012)	43
Photo III.10	Etat de la surface du niveau 3 (Cliché, Boumaraf, 2012)	46
Photo III.11	Cristaux de quartz agglutiné par le gypse (G) (X10) (cliché Boumaraf, 2012)	47
Photo III.12	Morphologie feuilletés des croûtes et encroutements (Cliché, Boumaraf, 2012)	51

LISTE DES ANNEXES

N° de l'Annexe	Titre de l'annexe	N° de la page
Annexe 1	Résultats des dosages du gypse et du calcaire totale dans les fractions granulométriques grossières ($\geq 50\mu$) et fine ($\leq 50\mu$).	82
Annexe 2	Les profils salins	83
Annexe 3	Les difractogrames des profils a1 et a2 du niveau 4	84
Annexe 4	Les difractogrames du profil a3 du niveau 4	85
Annexe 5	Les difractogrames du profil b1 du niveau 3	86
Annexe 6	Les difractogrames des profil b2 et b3 du niveau 3	87
Annexe 7	Les difractogrames du profil c1 du niveau 2	88
Annexe 8	Les difractogrames du profil c2 du niveau 2	89
Annexe 9	Les difractogrames du profil c3 du niveau 2	90
Annexe 10	Les difractogrames du profil d1 du niveau 1	91
Annexe 11	Les difractogrames du profil d2 du niveau 1	92
Annexe 12	Les difractogrames du profil d3 du niveau 1	93
Annexe 13	Traitement à l'étylen glycérol pour les horizons du profil a3 (profodeurs(cm) : 95-155 et 45-95)afin de bien distinguer la smectite	94
Annexe 14	Traitement à l'étylen glycérol pour les horizons du profil d1 (profodeur(cm) : 30-60 et 45-95)afin de bien distinguer la smectitede la chlorite	95
Annexe 15	Traitement à l'étylen glycérol et de chauff pour les horizons du profil c1 (profodeurs(cm) : 0-15 et 33-75)afin de bien distinguer la chlorite et la kaolinite	96
Annexe 16	Traitement à l'étylen glycérol et de chauff avec saturation avec le Mgpour les horizons du profil c3 (profodeurs(cm) : 20-70 et 70-120)afin de bien distinguer la chlorite,la kaolinite et la smectite	97

INTRODUCTION

La violence du contraste qu'offre l'oasis, son eau et sa végétation abondante, avec les étendues arides de son environnent était bien faite pour attirer l'attention. Par ailleurs, dans l'Ancien Monde où les espaces désertiques ont été traversés pendant des siècles, les oasis sont des étapes qu'il était vital de bien repérer, sinon de contrôler étroitement. Aussi n'est-il pas surprenant que les premiers géographes aient fait grand cas de ces espaces relativement restreints.

Dans le Sahara algérien, les oasis sont constituées de petites propriétés qui atteignent rarement un hectare. Le produit de ces petites surfaces, ne peut devenir suffisant que si l'exploitation est hautement productive. Malheureusement et contrairement aux apparences, l'exploitation agricole saharienne malgré qu'elle est par tradition de type intensif est restée toujours une agriculture de subsistance, qui est le lot de la plupart des palmeraies. Les intrants sont faibles et la mécanisation est nulle; le système de production repose sur la force manuelle du travail. Toutes ces palmeraies, bien qu'elles soient différentes par leur importance et leur vocation, sont cratérisées par la fragilité de leur écosystème menacé de rupture en raison d'innombrables facteurs : le vieillissement des palmeraies, le non respect de la densité de plantation, l'exploitation abusive sans restitution notable ou assolement. Parallèlement le contraste est plus accentué par l'aspect des sols incultes qui entourent les superficies cultivées. En effet la production principale des systèmes oasiens reste sans nul doute, dominée par la datte avec des niveaux avoisinant les 100.000 tonnes/an dans la région de l'oued Righ (EL NEDJAR,1998).Seule une partie limitée de cette production (environ 10%) est commercialisée sur les marchés étrangers

Devant le besoin incessant d'une population en croissance démographique rapide, l'instauration de nouveaux périmètres irrigués devient impérative pour maintenir l'équilibre socio-économique de cette région. Elle peut ainsi constituer des gisements d'emplois et des sources de subsistances pour de nombreux ménages. L'opportunité d'une exportation de produits agricoles, présente des avantages importants, tant sur le plan qualitatif que sur celui des prix.

Dans la majorité des cas les personnes intéressées par la réalisation d'espaces agricoles dans les conditions édapho-climatiques sahariennes confondent mise en culture et mise en valeurs des terres. Pour mettre en culture une terre il faut exécuter un ensemble de travaux afin de produire des végétaux. Les procèdes ainsi utilisés ne tiennent pas compte de tous les facteurs (climatiques, édaphiques, hydrologiques, etc.) qui assurent et pérennisent cette production. En revanche, mettre en valeur des terres, c'est avant tout tenir compte de tous les facteurs précédemment cités afin d'apprécier les potentialités actuelles et réunir le maximum de conditions nécessaires à l'augmentation de la qualité intrinsèque de cette terre et assurer, de façon pérenne, une production qualitative et quantitative (BENNADJI, 1998).

Dans cette même perspective, pour nous pédologues, il est essentiel de rappeler que la caractérisation génétique des sols dans un milieu saharien impose la connaissance du cadre géomorphologique dans lequel ces sols s'inscrivent. Il est aussi établi qu'on ne peut pas les expliquer isolément, en fonction des seules migrations verticales de la matière et des seules interdépendances avec ce qui les entourent. La notion de topo-séquence résultant seulement des considérations topographiques, reste insuffisante, car elle risque d'aboutir à une confrontation de sols d'âges différents.

En géologie et en géomorphologie on distingue depuis longtemps formations superficielles et sols. Les premières sont le produit, in situ ou remaniées, des processus géomorphologiques (désagrégation physique et altération chimique), les seconds sont le résultat de la pédogénèse dans laquelle l'activité de la végétation a un rôle important, particulièrement avec la formation et la présence de l'humus. Pour certains auteurs (MUCKENHAUSEN 1975 ET SCHCHTSCHABEL ET AL., 1979 cités par VOGT 1984) la météorisation est considérée comme un préalable à la pédogénèse.

Ainsi en identifiant la part des héritages dans le paysage, par leur répartition en différentes générations selon des critères sûrs, la géomorphologie contribue à l'interprétation des sols polyphasés associés aux plus anciens d'entre eux. De même, elle intervient dans la détermination de leur caractère polygénique et, le cas échéant, précise les aspects des séquences morpho-dynamiques et morpho-climatiques correspondantes. Au total, la géomorphologie apporte une contribution non négligeable à la prospection, à l'explication et à la cartographie des sols .L'orientation actuelle de la pédologie vers leur étude au niveau d'unités bio-géodynamiques implique des recherches multidisciplinaires ou le géomorphologue trouve sa place .Ces conclusions demeurent valables pour sa proche parente, la géochimie qui traite de la nature de la distribution et de la migration des éléments chimiques constituant les sols (COQUE,1977).

CHAPITRE I

DESCRIPTION DES PAYSAGES

Dans les études antérieures des sols de la région de l'oued Righ (DURAND ET AL., 1955, DUTIL, 1971, SOGREAH,1971, ABID, 1995, HALILLET, 1998) il n'avait pas été pris en compte l'aspect génétique. Pour établir une carte des sols, nous avons essayé en 2002 avec BENSAID de dresser un schéma de la répartition spatiale des facteurs génétiques responsables de l'évolution des sols de la vallée de l'oued Righ en nous appuyant sur l'étude géomorphologique du PNUD de 1971. Mais, les résultats obtenus restent insuffisants car l'échelle cartographique utilisée n'a pas permis de mettre en évidence toutes les séries des formations et les sols. Elle a cependant le mérite de nous mettre sur la voie inéluctable de la remise à jour de ces données

Pour bien assimiler la genèse des sols de la vallée de l'oued Righ nous avons adopté, une approche séquentielle suivant une cartographie géomorphologiques du terrain. Cela aide à délimiter les unités pédologiques dont la répartition déjà démontrée obéit à une logique qui leur est indissociable, et à expliquer l'aspect évolutif qui est le résultat d'interactions entre les processus de la pédogenèse et la morphogenèse (HAMDI AISSA, 1988).

1. LES SOLS DE LA VALLEE DE L'OUED RIGH.

Les régions climatiques désertiques sont idéales pour l'extension des caractères de salinité des sols. Ainsi, les sols de la zone saharienne d'Algérie contiennent des quantités importantes de sels solubles. Leur accumulation est due à la rareté des pluies qui ne pénètrent pas profondément dans les sols pour provoquer une infiltration appréciable (HALILET, 1998).

Lorsqu'il y'a de l'eau, la dissolution des sels et la remontée capillaire sont rapides sous l'effet d'une forte évaporation, ainsi parmi les sels dissouts appartenant à une nappe phréatique, certains sont facilement ramenés en surface et d'autres sont précipités lorsque la concentration atteinte le permet. Il apparait ainsi que le climat désertique favorise la concentration des solutions et la cristallisation des sels, tant en surface qu'en profondeur selon les conditions du milieu, Dans les conditions hyperarides du Sahara, les phénomènes sont encore accrus et atteignent une intensité maximale. Ainsi les exemples de sols salins sont très nombreux et spectaculaires, tout particulièrement dans les régions sédimentaires pourvoyeuses d'anions et de cations caractérisant la salure.

La variabilité de la salinité des sols est fonction des caractéristiques hydro-pédologiques et géomorphologiques de l'oasis par rapport aux axes naturels d'écoulement et de concentration des eaux (ZIDI ET AL., 1997). Le paysage saharien est composé généralement, en partie amont, de sols sableux éoliens peu profonds, à croûte gypseuse, et, en partie aval, de sols sableux éoliens, plus profonds à encroûtement de nappe gypseuse plus récent (MITIMET,1998), Les sols deviennent hydromorphes dans les dépressions hyper salés composées d'alluvions fines.

Selon la classification française (CPCS, 1967) la couverture pédologique offre une grande hétérogénéité et se compose de plusieurs classes où ressortent des groupes qui définissent le processus d'évaluation du sol, des sous groupes pour l'intensité du processus et enfin les familles par le caractère du matériel pétrographique sur lequel se forme le sol (Tableau I.1).

Classes	Groupes	Sous-groupes	
I- Classes des sols peu évolués non climatiques	Sols bruts d'apport	1.	Sol anthropique (représenté dans l'extension des palmerais vers les chotts).
		2.	Sols à hydromorphie de pseudogley.
		3.	Sols à hydromorphie d'amas, nodules et cristaux gypseux.
		4.	Sols modaux.
II- Classes des sols hydromorphes minéraux	Sols à Gley de surface		
	Sols à pseudogley de surface ou d'ensemble		
	Sols à accumulation de gypse	3-1	Sous-groupe à croûte ou à banc cristallin
		3-2	Sous-groupe à encroûtement gypseux
		3-3	Sous-groupe à amas et cristaux gypseux.

Tableau I. 1 :-Les principaux types de sols au Sahara algérien
(CPCS ,1967 IN HALILET, (1998)

SOGREAH, 1971 ET ABID 1995 définissent l'origine des sols dans la vallée de l'oued Righ comme mixte alluvionnaire, colluviale et éolienne, Les deux premières proviennent de l'érosion du niveau encroûté datant du Quaternaire ancien ou du Mio-Pliocène. Les phases successives d'érosion et de comblement du fond de la vallée, sont responsables de l'hétérogénéité texturale constatée dans les horizons profonds, contrairement aux horizons supérieurs qui ont une origine éolienne (plages sableuses plus ou moins remaniées et récentes). Les sols caractéristiques de la vallée de l'oued Righ sont présentés dans le tableau I.2.

Classes	Groupes	Sous-groupes
I- Classes des sols peu évolués non climatiques	Sols bruts d'apport	Sol anthropique (représenté dans l'extension des palmerais vers les chotts).
		Sols à hydromorphie de pseudogley.
		Sols à hydromorphie d'amas, nodules et cristaux gypseux.
		Sols modaux.
II- Classes des sols hydromorphes minéraux	Sols à Gley de surface	
	Sols à pseudogley de surface ou d'ensemble	
	Sols à accumulation de gypse	Sous-groupe à croûte ou à banc cristallin
		Sous-groupe à encroûtement gypseux
		Sous-groupe à amas et cristaux gypseux.

Tableau I.2 : Les sols caractéristiques de la vallée de l'Oued Righ (SOGREAH, 1971)

D'après GUYOT ET DURAND, (1955) les sols de la vallée d'oued Righ contiennent des fortes proportions de gypse, La raison principale de cette accumulation dans les sols est due à la précipitation du gypse provenant des sels contenus dans la nappe aquifère et dans les ruissellements. A la suite d'une évaporation intense et dont la variation saisonnière du niveau piézométrique peut atteindre dans la vallée de l'oued Righ l'amplitude d'un mètre et plus (SOGREHA, 1971).

Le gypse de la vallée de l'oued Righ se présente sous différentes formes selon ABID (1995) :
1. Poussiéreuse
2. Taches à amas globulaires microcristallins au touché limoneux très friable à l'état humide et légèrement ferme à l'état sec.
3. Nodules microcristallins indurés de 1 à 0.5 µm.
4. Cristaux macroscopiques de taille très variable (de 0.1 à 10 cm de longueur)
    Bancs cristallins : très forte concentration de cristaux sur quelques centimètres d'épaisseur.
5. Encroûtement : horizon cimenté par le gypse. Parfois continue.
6. Croûte : horizon cimenté par le gypse et de consistance très dure, compacte, imperméable et impénétrable par les racines (pétrogypsique).

Cependant la pédogénèse actuelle est sous l'influence des facteurs climatiques. Elle conduite vers une dégradation intense, surtout mécanique, de la surface du sol. Cette action se traduit par la mise en place de profils variés, allant jusqu'à l'affleurement géologique sur les points hauts, à la troncature des paléosols sur les pentes et à leur enfouissement dans les points bas notamment.

En résumé ces sols sont généralement meubles, aérés en surface, de type sulfaté calcique dans les sols les moins salés et de chlorures sodiques pour les sols les plus salés (ABID, 1995). Cependant les études pédologiques menées dans cette région (DURAND ET AL.1955, DUTIL, 1971, SOGREAH, 1971, ABID, 1995, HALILLET, 1998) n'ont pas été réalisés sur la base d'une cartographie élargie des sols. Elles ont été faites seulement sur des surfaces agricoles ou des transects restreints à l'échelle de la vallée.

2. LES PAYSAGES DE LA VALLEE DE L'OUED RIGH.

2.1 - LES VERSANTS

Dans la vallée de l'oued Righ, les versants présentent un immense glacis très légèrement ondulé, (formation tabulaire) dominant la partie septentrionale de la vallée par un abrupt de plusieurs dizaines de mètres, des versants, des glacis d'épandage et des reliefs résiduels. En majeure partie envahis par d'importantes dunes de sable, les versants sont fortement érodés et il ne subsiste que des buttes témoins. Sur l'erg oriental ,ces butes apparaissent parfois en surface.

Les formations continentales qui s'étendent au sud de l'Atlas Saharien restent strictement identiques du haut en bas de l'oued Righ et sur les berges de l'oued Mya. Décrites pour la première fois par VILLE EN 1867 puis par ROLLAND EN 1888 (IN CHADENSON,1952) qui évoquent un terrain quaternaire saharien, d'aspect extrêmement caractéristique de couleur rouge (rouille ou brun rose)et jaune dans quelques points de la vallée de l'oued Righ, le tout recouvert d'une croûte gypso-calcaire. Rolland les définit comme des terrains de transport et lacustres anciens du chott Melrigh. Une autre description simplifiée de NESSON *ET AL.* (1975) offre du haut en bas :Du sable gypsifère consolidés par endroit constituant les sols de oued Righ; puis des bancs de gypse ou des travertins marno-calcaires, enfin des argiles rouges ou brunes gypsifères parfois en bancs compacts de 40-50 mètres d'épaisseurs mais plus souvent coupés de niveaux sableux.

Selon FLAMMAND (1911), une formation qui longe la vallée du sud au nord, est d'âge Pliocène. Pour NESSON *ET AL.* (1975), il s'agirait plutôt de Mio-pliocène. Cette appellation serait valable pour l'ensemble des formations tertiaires continentales et elle se justifierait par l'existence d'un âge attribué au Pliocène à des dépôts situés au-dessus formations fluvio-lacustres miocènes (NESSON *ET AL.*, 1975). Ce plateau constitue la terrasse la plus élevée, avec une épaisseur très variable, qui peut atteindre jusqu'à 20 mètres en certains lieux.

2.1.1.- Les glacis

Tous les piémonts situés au sud de l'Atlas Saharien se présentent comme des complexes de glacis. Dans la vallée d'oued Righ, on peut distinguer à partir du niveau de base des chotts Mélghir et Mérouane plusieurs glacis qui se différencient par leurs extensions spatiales et les caractéristiques de leurs profils. Le passage du versant au glacis se fait par une rupture de pente sensible qui décroit vers le niveau de base.

Dans la vallée de l'oued Righ, les glacis sont parallèles au front montagneux et offrent l'aspect de surfaces uniformes. Mais ils se caractérisent aussi par des colluvionnements plus fins vers l'aval qui résultent de la faible intensité des écoulements. Vers l'amont les profils se caractérisent par des revêtements de croûtes en-dessus des édifices détritiques, et se positionnent d'une façon variable dans les glacis vers l'aval. La formation des croûtes est générée soit par les oscillations saisonnières d'une nappe saturée en sulfates, soit par une origine éolienne ou les deux à la fois. Cependant chaque glacis offre des conditions hydrologiques et texturales propre, et donne une interprétation chronologique des variations climatiques responsables de cette formation et constituent des documents essentiels pour la restitution des paléoclimats du Quaternaire.

On décèle aussi vers l'amont des revêtements caillouteux qui parsèment la surface des glacis. Si la plupart des éléments sont anguleux certain présente avec des angles assez émoussés issue d'écoulements suffisamment intense utilisant le réseau hydrographique hiérarchisé du pourtour du bassin. Les accumulations éoliennes les plus répandues sont le voile éolien, la nebka et les rides de sables localisées surtout vers l'aval en marge des chotts.

2.1.2 Les chotts.

Vers le nord de la vallée de l'oued Righ, et aux abords de la cuvette des chotts il n'y a que des escarpements d'érosion taillés à l'emporte pièce dans le dépôt de comblement des dépressions. Au sud-est des sebkas l'apparition des premières plantes halophytes signalent le passage aux chotts. Elles s multiplient assez vite jusqu'à constituer une steppe dense implantée dans les limons argileux saturés par les sels. Par endroit des rigoles anastomosées se glissent entre les touffes de végétations, puis les marques de passage à la sebkha qui se confirment avec la disparition des plantes halophytes. Sa surface oscille d'une saison à l'autre suivant la variation des retombées météoriques et ces sols restent quasiment inexploitables.

Dans les sebkhas de la vallée de l'oued Righ on aperçoit aucune végétation sauf dans les franges de celle-ci là ou les sols sont moins salés. Ceux qui sont généralement recouverts d'apports éoliens où on y remarque des touffes d'herbe parfois, une steppe halophile de densité et de largeur variable à leur périphérie.

2.1.3 Les sebkhas.

Elles s'inscrivent dans la zone où s'affrontent la plate forme saharienne et le système plissé de l'Atlas. Les sebkhas représentent les cuvettes actuelles de décantation d'une superficie de 3375 Km^2 pour la sebkha de Mérouane et 5515 Km^2 et pour la sebkha Mélghir (ANONYME, 2004). La nappe phréatique est très proche de la surface, souvent affleurante, ce qui favorise la formation de sol sodique excessivement salin.

Les sebkhas sont le résultat de l'érosion hydro-éolienne et d'un déblaiement éolien. Ces cuvettes sont alimentées en eau de manière discontinue soit par l'écoulement des oueds en saison des pluies, soit par les eaux des nappes souterraines, qui remontent vers la surface, lors des saisons chaudes, en suivant des failles. À la surface les cristaux de sels sont soumis à l'action du vent, et à son processus de creusement.

Vers le nord et aux abords de la cuvette des chotts ne sont que des abrupts d'érosion à l'emporte pièce dans le dépôt de comblement des dépressions, Ils sont uniquement des produits de l'érosion hydro-éolien et d'un déblaiement éolien. En effet des terrasses autour témoignent de leur creusement et même la présence de buttes témoins (relief résiduel) au cœur du chott témoigne de ce creusement (COQUE, 1977). La structure géologique présente les mêmes strates d'un bord à l'autre de la dépression. Cette continuité structurale isole des buttes témoins, des promontoires, aux embouchures des ravins et constitue autant de preuves d'actions exclusivement érosives combinées et exclue l'hypothèse d'actions tectoniques. Si des subsidences actives peuvent contribuer localement à leur existence elles ne constituent pas par conséquent une condition indispensable de l'endoréisme. En définitive ,celui-ci est fondamentalement lié au caractère déficitaire du bilan hydrique qui engendre un creusement par le vent.

Suite à une étude comparée réalisée par GUIRAUD (1990) sur plusieurs sebkhas, la localisation structurale ne saurait régir directement l'implantation d'une sebkha et d'un chott à savoir la localisation des chotts dans des cuvettes synclinales, En effet les conditions nécessaires et suffisantes à la localisation d'une dépression fermée se limitent à l'existence simultanée de roches réservoirs imprégnées par un aquifère en charge, d'une topographie telle que la surface piézométrique se trouve à une côte supérieure à celle du sol, et, enfin, d'un climat aride.

La sebkha Mélghir est placée sur un axe synclinal bénéficiant d'une situation topographique où l'écoulement des eaux usées (excès d'eau d'irrigation) est acheminé par le canal collecteur qui longe toute la vallée du sud vers le nord. Estimé par HACINI en 2008 à 198 x 10^6 M^3, la quantité d'eau acheminée par les pluies, le collecteur de oued Righ et enfin les eaux souterrains.

En effet les sebkhas sont des dépressions fermées salées, à régime hydrologique superficiel sous la dépendance des fréquences et de l'ampleur des crues des oueds périphériques de dimensions variable (principalement les oueds Ittel et Djdie au nord et le collecteur de l'oued Righ au sud), Elles offrent toujours une topographie remarquable par leur platitude apparente caractérisée par un tapis de cristallisation salines.

2.1.4 Les formations éoliennes

A l'opposé, des retombés météoriques si sporadiques, le vent par sa fréquence et son ampleur souligne plus au moins le faciès aride du paysage. Parmi toutes les formes engendrées, les dunes vives restent les plus répandues et les plus caractéristiques dans cette région, où elles constituent le seul élément vraiment dynamique de la morphologie. Elles se manifestent dans notre zone d'étude selon DUTIL (1971) en :

- **Rides** : ou formes ondulées de faible épaisseur à la manière des ripple-marks, des plages côtières.
- **Voiles sableux** : accumulation de quelques centimètres recouvrant la surface du sol cohérent. Les particules de sable sont transportées sur des surfaces dures à topographie plane et uniforme, où elles forment des voiles sableux de plus ou moins grande épaisseur. Ce type d'accumulation éolienne est à l'origine de l'ensablement superficiel.
- **Barkhanes** : accumulation de sable en petite dunes en forme de croissant, isolées, regroupées parfois enchevêtrées. Elles sont dissymétriques avec une pente douce tournée au vent et une pente forte sous le vent et parfois dédoublée avec un talus basal au pied d'un abrupt sommital
- **Nebkas** : elles fixent la végétation en raison des pièges à sables et à poussières que constituent les touffes de la steppe (tamarix, jujubier). A ces buttes s'accroche très souvent une flèche dunaire mobile de dimensions proportionnelles à celles de l'abri sous lequel elle s'allonge. On distingue deux types de nebkas: les nebkas à flèche de sable qui sont des formes dunaires ovoïdes de petites dimensions (50cm de hauteur, 150cm de longueur et 40cm de largeur), allongées dans le sens du vent dominant, et les nebkas buissonnantes, du même genre que les précédentes, mais pouvant atteindre 2m de hauteur et 3 à 4m de longueur.
- **Massifs de dunes** : d'importance diverse, petits massifs de dunes de faible hauteur ou grands massifs des ergs, on peut distinguer les massifs

enchevêtrés dans le sud de l'erg oriental et les massifs en cordons continues séparés par des grands couloirs comme dans l'est et le centre de l'erg oriental et enfin comme simple dépression intermédiaire au nord de l'erg oriental.

Le grand erg oriental est très ancien dans sa partie méridionale et d'origine très récente dans celle du nord. Il n'est pas vrai de considérer que les dunes occupent surtout les dépressions. En réalité, les zones les plus basses sont libres de sables quelque-soi la vitesse du vent comme c'est le cas dans les chotts Mérouane et Mélghir situés en dessous du niveau de la mer. Les dunes se massent au contraire sur les pentes extrêmement faibles des grandes dépressions. Les études de DUBIEF (1952) ont montré que les contours de l'erg oriental sont généralement déterminés par la forme des dépressions et des reliefs avoisinants. La présence d'une nappe phréatique peu profonde agglomère les grains et arrête la déflation ralentissant son extension (DERRUAU,1988). Par ailleurs sur l'axe des vents nord-ouest sud-est, à la frange sud du chott Mérouane, des matériaux fins se déposent et donnent naissance à des lunettes et lorsque le matériau est très sableux il s'étale généralement sous formes allongées dans le sens du vent.

2.2 LES PALMERAIS

Rarement arborée, très irrégulièrement répartie la végétation dans cette zone constitue un couvert excessivement lâche. Sur les reliefs, elle est absolument inexistante, En revanche une végétation herbacée très maigre est généralement localisé dans les lits des oueds (AUBERT, 1960). Mais par contre elle est présente à peu prés partout et il est possible de distinguer des associations végétales spécifiques aux sols des diverses régions. La végétation joue un rôle minime au titre de facteur de formation des sols sahariens mais au point de vue biogéographique, elle présente un intérêt important (QUEZEL, 1958, cité par DUTIL 1971).

Dans le Sahara, le couvert végétal est discontinu et représenté par des plantes vivaces, ligneuses, xérophytes et des plantes annuelles à périodes végétatives très brèves. Les parties souterraines sont extrêmement développées. On citera l'exemple d'une végétation pérenne qui est aidée par un système racinaire développée et arrive à trouver une réserve hydrique et des sels minéraux en quantités suffisantes dans la dune. C'est le cas du Drinn *(AristidaPugens)*. La végétation dans ces régions se caractérise aussi par un feuillage réduit avec accumulation chez certaines espèces d'importantes réserves d'eau tissulaire et enfin par une réduction extrême des pertes par transpiration. Ces adaptations sont en rapport avec les conditions climatiques qui caractérisent les biotopes désertiques.

Dans la plupart des cas les zones de sables en mouvement sont très faiblement colonisées par la végétation avec un degré de recouvrement inférieur à 1% sur les dunes et de 1 à 2% à la base des dunes. Il est à souligner par ailleurs que le nombre d'espèces et assez limitées : seulement un millier pour le Sahara (DUTIL,1971).

En dépit de cela, l'existence des nappes artésiennes a favorisé le développement des palmiers dattiers dans de nombreuses oasis comme celle de l'oued Righ (GOUSKOV, 1964) où le microclimat qu'offre la palmeraie permet à l'agriculteur de cultiver en intercalaire diverses plantes maraîchères, céréalières et même arboricoles comme le figuier, la vigne ou l'abricotier (TOUTAIN, 1979).

3.CONCLUSION

Le Sahara algérien s'étend sur plus d'un million de kilomètres carrés avec une pluviométrie dépassant rarement les 100mm. Les rares oasis dues à la présence exceptionnelle de l'eau sont les seuls points peuplés.

Le Sahara est loin d'être une surface plane. La courbe hypsométrique des 200 mètres dessine un golfe avec un étroit goulet au niveau des chotts sud tunisiens qui s'élargit dans le sillon de l'oued Righ. Une observation précise de cette immensité permet de déceler plusieurs types de paysages parfois aménagés par les hommes.la vallée de l'oued Righ qui, du fait de sa structure hydrogéologie, offre beaucoup de possibilités agricoles. Elle est illustrée par des plantations de palmiers sous la forme d'un chapelet. Les palmeraies de cette vallée s'étendent, du nord au sud, sur prés de 150Km entre El-Goug et Oum Thiour. La coupe transversale fait apparaître la partie supérieure des affleurements mio-pliocenes constitués de marnes gypsifères, et de formations du Quaternaire ancien, caractérisées par une croûte gypso-calcaire recouverte de formations dunaires (Erg). Ces formations sont présentes dans la vallée et recouvertes de sédiments sableux entrecoupés de lentilles d'argile salifère (CORNET, 1961).

L'aménagement agricole de cette région constitue un enjeu stratégique où il est indispensable d'assurer par des études intégrées l'équité socio-spatiale pour un développement durable.

CHAPITRE II

APPROCHE GEOMORPHOLOGIQUE

1. LA PROSPECTION.

Dans un premier temps, une étude au laboratoire des cartes topographiques et des images satellites était nécessaire, afin de définir les traits caractéristiques du paysage. Ceci a été suivi de plusieurs missions de prospection, qui ont débuté au sud à partir des régions d'El Goug en allant vers le nord aux abords du plateau de Stil. (Fig. II.1)

Cette démarche nous a permis de reconsidérer deux aspects de notre étude. Le premier est l'immensité du terrain à prospecter. En effet la vallée de l'oued Righ se présente comme une gouttière de 150 km de long et de 15 à 30 km de large. Sur un axe sud nord l'altitude passe de 145 m du coté d'El Goug en amont à moins de 35 m au niveau du chott Mérouane. La superficie de cet espace est de plus de 3000 km^2. Il est vrai que la monotonie morphogénique caractéristique de ces régions sahariennes rend plus aisé notre mission. Le second aspect est la prédominance des actions mécaniques dans la météorisation avec plus particulièrement le vent. En effet les formations dunaires de l'Erg Oriental qui bordent la vallée de l'oued Righ à l'est présentent des formes juvéniles à Draa El Rmla au nord-ouest d'el Merhiar. Ces formations recouvrent les talus de formes anciennes et tabulaires laissant quelques chotts et palmerais de façon entrecroisé à partir de Sidi Khlil au sud contrairement au Nord aux abord de la vallée à N'Sigha .

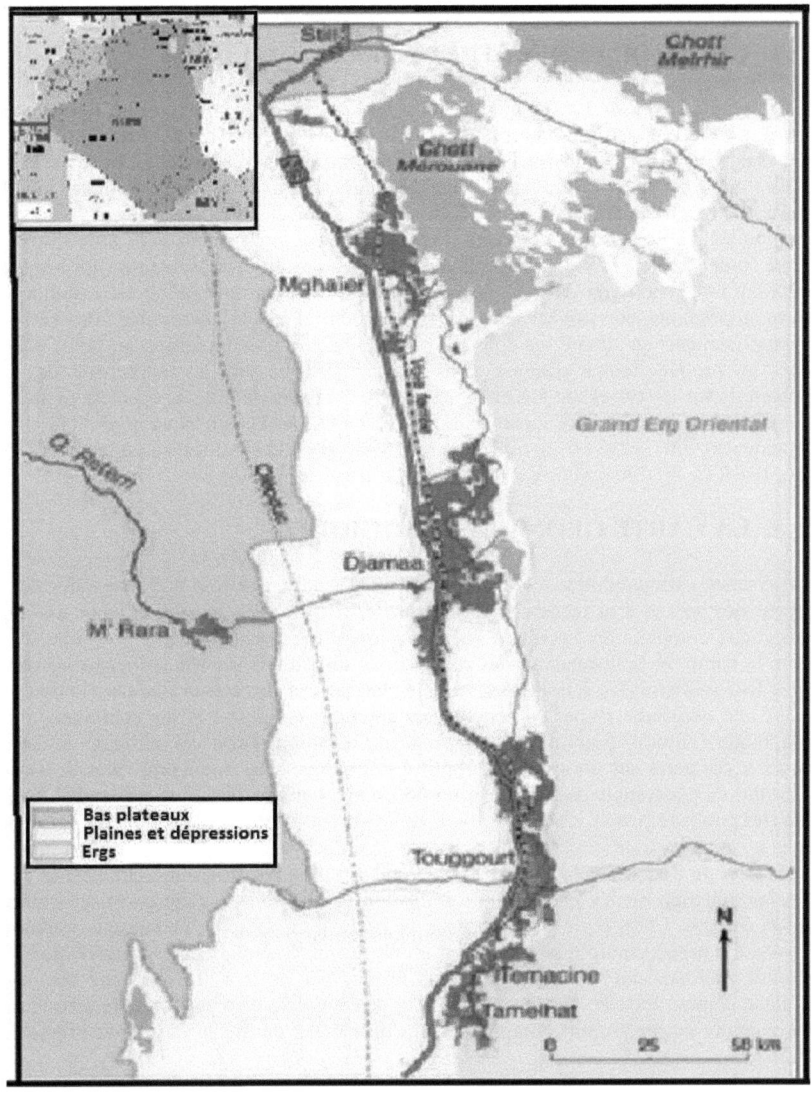

Figure II.1 – La localisation géographique de la vallée de l'oued Righ
(BALLAIS ,2010)

2. CHOIX DU PERIMETRE

Dans la partie nord de la vallée de l'oued Righ, au sud de la ville de Stil, la succession des niveaux de glacis est bien observable. Par contre à l'est vers bordj el Megibra, ce sont les dunes du Grand Erg Oriental qui envahissent la jonction entre les chotts Mérouane et Melrhir. Vers l'ouest en direction de Arab Echraga , situé sur l'axe des vents dominant, nord-ouest, sud-est l'examen des photos satellites nous a révélé l'envahissement des corniches surplombant la vallée par les sables. Pour ces raisons nous avons jugé utile de concentrer notre étude sur cette première zone du nord de la vallée allant du plateau de Stil jusqu'à Ourir. Cela fait un territoire de 150 Km^2. Après étude des cartes et repérage (il est à souligner que la carte topographique utilisée est au 1/100.000 d'où la nécessitée de réaliser des agrandissements en situant les données morphologiques avec précision au GPS) nous avons dans un premier temps sillonné le terrain du nord au sud, en empruntant des couloirs prédéfinis sur les cartes ,de 5 Km de large et 10 à 15 Km de long de Nzaoute Ouled Moulay au nord du chott Mérouane sur le plateau de Stil à Djeder Hachicha au nord d'Ourir entre les latitudes 38° 00' – 37° 80' et les longitudes 5° 50 et 6°00 est, localisé entre les coordonnées LAMBERT : X : 790 – 805. Y : 410 - 395. Z : 123—33.

3. LA CARTE GEOMORPHOLOGIQUE

Un système cartographique a été choisi afin de répondre, à la fois, aux demandes de mise en valeur des sols et à la recherche fondamentale. Il nous sera possible d'avoir une réflexion analytique complète du terrain en observant lors d'une première étape, l'origine structurale avec la nature et la disposition des couches, les formations superficielles qui les recouvrent avec leur susceptibilité à la météorisation ce qui permet de réaliser une chronologie relative. Dans une deuxième étape, on a défini les aptitudes culturales et les contraintes de nature édaphique (salinité, encroutement, capacité de rétention…) de ces milieux. A cet effet le choix a été porté sur un système simplifié et pratique sans ambiguïté celui du système de l'institut de géographie de Reims car on utilise une légende simple et facilement lisible pour tous les publics (MARRE, 2007)

La région de l'oued Righ fait partie de l'immense zone subdésertique qui s'étend au sud de l'Atlas Saharien où les phénomènes d'ablation et d'apport se conjuguent constamment de façon intense. Cette région évolue dans le cadre d'un système endoréique traduisant une diversité d'aspects morphologiques dont les plus caractéristiques sont les dépressions fermées (chotts, sebkhas) qui constituent le point le plus bas de la vallée qui sera communément désigné comme étant le niveau zéro. A partir de ce niveau zéro nous avons rapporté sur notre carte quatre autres niveaux morphologiques du plateau de Stil jusqu'à chott Mérouane (Fig. II.2).

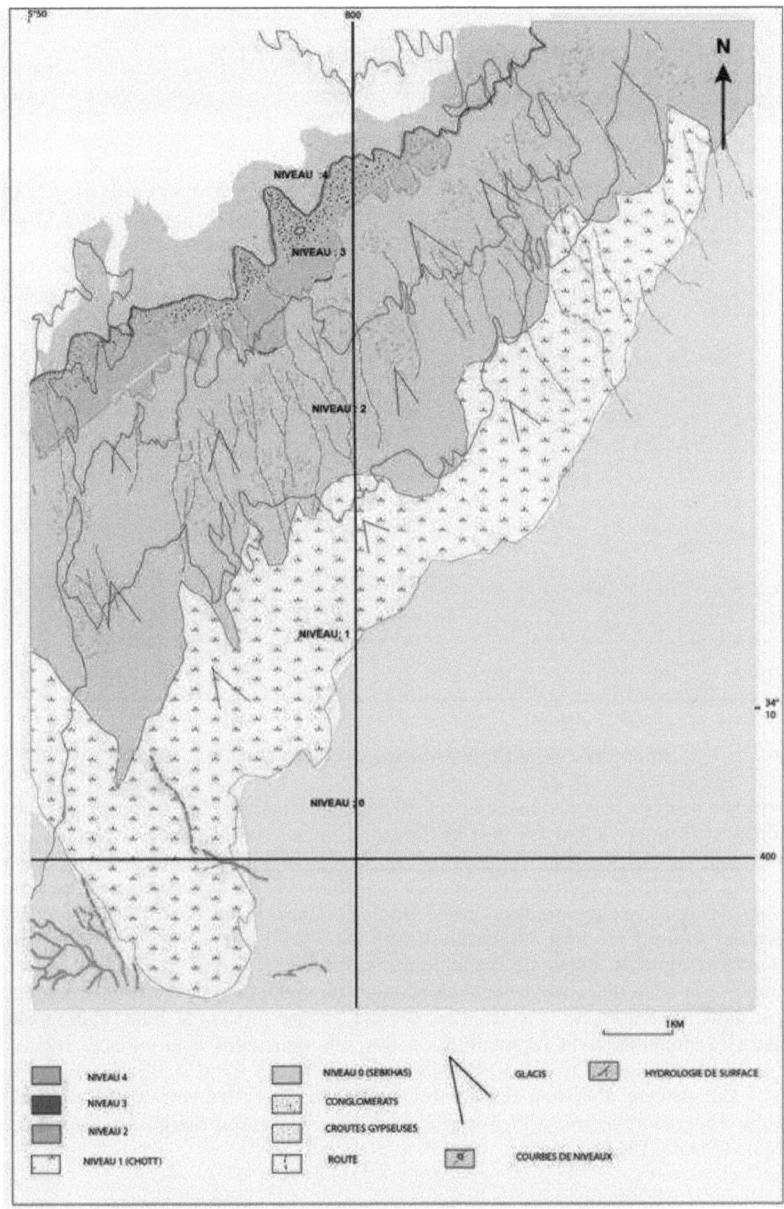

Figure II.2 - Carte géomorphologique de la zone d'étude

4. ANALYSE DES PROFILS LONGITUDINAUX

4.1 – Le niveau 0

Il offre toujours une topographie remarquable par sa platitude (altitude de -10 à -35m) caractérisée par un tapis de cristaux salins blanchâtre de types différents,(sulfatés et chlorurés) qui à certains endroits devient par sa consistance une croûte visqueuse et craquante (Fig. II.3).

Photo II.1 – Le Chott Mérouane (Cliché BOUMARAF,2012)

Les sebkhas représentent les cuvettes actuelles de décantation. La nappe phréatique y est quasiment affleurante ce qui favorise la formation de sol sodique excessivement salin. Les sebkhas sont des dépressions fermées salées, à régime hydrologique superficiel sous la dépendance des actions météoriques, sur les formations de l'Atlas Saharien et de l'ampleur des crues des oueds périphériques (Oued Itel, Oued Zerba, Oued Djdi ,Oued Rhreg et Oued Hdje) situés au nord et à l'est du plateau de Stil. De plus, il faut ajouter l'action anthropique avec l'activité agricole autour de la multiplication de points d'eaux .La genèse des chotts a commencé à la suite des changements climatiques du Quaternaire avec le rôle prépondérant du vent dans le creusement. La déflation devient intense lorsque le bilan hydrogéologique favorise l'évaporation et la recristallisation des sels éolisables à la surface des sols nus sensibles à la déflation et aussi à l'extension des dépressions fermées. Ainsi le bilan final de l'activité du système d'érosion responsable de l'élaboration des grands chotts s'établit au profit du creusement éolien, à l'inverse de la sédimentation qui marque la phase lagunaire antérieure (COQUE,1961)

4.2 LE NIVEAU 1

Perceptible par le passage vers un seuil plus haut avec une transition parfois peu évidente une concavité extrêmement courte (Fig. II.4) et la densité des plantes halophytes qui deviennent plus nombreuses implanté dans des limons saturés par les sels marque le passage au chott. Les traces de ruissellements se raréfient en raison de la faible amplitude de dénivellation la nuance topographique dans ce niveau rend certains endroits plus susceptibles à l'ennoyage en hiver avec l'apparition d'une nappe libre plus bas. Par endroit, des rigoles anastomosées se glissent entre les touffes de végétations, puis les marques se confirment en même temps que se raréfient les plantes halophytes. La délimitation de ce niveau est difficile à cerner en raison des fluctuations des retombées météoriques et de l'ensablement par un voile de sables éoliens et la présence de quelques rides sur la frange de la sebkha d'orientation SE-NO.

Nous disposons seulement d'indicateurs biologiques, seul moyen de distinction entre les deux niveaux. Il est à souligner que le point de transition entre le niveau de base et le niveau supérieur peut atteindre -10 et -15 m. Dans le chott, l'action du vent n'est pas aussi prépondérante et le rôle du ruissellement à partir du pourtour de la vallée suivi de la sédimentation lors des rares crues favorise l'élargissement des auréoles de végétations halophytes qui maintiennent le niveau statique de la nappe phréatique à une faible profondeur (ne dépassent pas les 50 cm) suite à l'aspiration per-assensum. La salinisation hyper-épidonique ne favorise pas la précipitation du gypse et la formation des croûtes dans ce niveau. Les éléments grossiers subissent une dissolution continue (POUGET, 1968)

Photo II.2- Transition entre les niveaux 2 et 1. On observe les traces de ravinements vers la sebkha (Cliché BOUMARAF ,2012)

Les données hydro-chimiques du prélèvement d'eau effectué dans le niveau des sebkhas définissent une eau à forte teneur en sel (CE : 49.8 dS/cm). La texture des sols est de type limoneux à argileux en profondeur.

4.3 LE NIVEAU 2.

Ce niveau apparaît emboité de quelques mètres dans le niveau 3 et se présente comme un immense glacis, à pente très faible (Fig. II.5) envahis par les nebkas qui trouvent là des conditions favorables à leur formation (la proximité de la nappe phréatique) et confère au paysage général un aspect bosselé. La surface de ce niveau à une superficie plus importante que celle des niveaux limitrophes

Photo II.3 - Vue générale du niveau 2. Photo prise juste en contrebas du niveau 3
(Cliché BOUMARAF, 2012)

Du point de vue géologique ce niveau présente des accumulations de colluvions du Quaternaire récent. IL s'agit d'un glacis d'accumulation formé après la subsidence de la vallée. Ses sédiments se différencient par leur origine dans les formations mio-pliocènes. Leur composition texturale est sablo-gypseuse comportant une proportion élevée de gravillons. La couverture pédologique de ce niveau est meuble à structure sableuse. Elle est soumise à l'action éolienne. Les sols sont rajeunis par ablation de leur horizon superficiel limitant leur évolution. Le niveau piézométrique de la nappe phréatique oscille entre 0.5 et 1.5 mètre. Nous distinguons dans ce niveau une multitude des formes d'accumulations gypseuses non consolidées. Des croûtes et des encroûtements des formes biens individualisée (Fig II 6 et II.7) à des profondeurs variables. Les six sondages et profils exécutés dans ce niveau nous ont révélé que les croûtes à structure lamellaire affleurent en amont et se positionnent à la partie médiane du profil. En aval elles sont quasiment en surface et discontinue sous formes d'encroûtements.

Photo II.4 - Croute gypseuse surmontée par un voile de sable sur le niveau 2.
(Cliché BOUMARAF, 2012)

Photo II 5 - Etat de la surface dans la partie amont du niveau 2
(Cliché BOUMARAF, 2012)

L'examen morphoscopique des grains de sable prélevés en surface nous révèlent différentes formes (les prismes, les aiguilles, les lenticulaires, fer de lance) ce qui suggère un mode de salinisation secondaire déposé par le vent à partir des chotts (Fig. II.8).

Photo II.6 - Diverses formes de gypse aciculaire et ovoïdes dans les sables de recouvrement (agrandissement X50) (Cliché BOUMARAF, 2012)

Nous avons pu également relever dans les horizons en profondeurs, et en amont des nodules de gypse, de tailles diverses généralement grossiers et denses. Parfois ils se confondent avec les roses de sable de couleur jaune rougeâtre à structure massive, conséquence de l'influence de la nappe phréatique évidente dans ce niveau (Fig. II.7)

Photo II.7 - Roses des sables à structure massive (Cliché BOUMARAF, 2012)

4.4 LE NIVEAU 3

Ce sont des glacis d'épandages définis par des surfaces inclinées avec une pente variant de 5% à 15%. Son extension réduite est très variable par rapport au précédant niveau. Le piémont devient légèrement concave offrant l'aspect d'une formation perchée. Le réseau hydrographique est plus prononcé à l'amont par des ravines profondes de 20 à 40 cm et vers l'aval de rares rigoles. En surface on y observe de façon très régulière d'épaisses croûtes gypseuses vraisemblablement d'époque villafranchienne développée sur des matériaux mio-pliocènes (BALLAIS, 2010, NESSON, 1975). Ces dépôts s'emboitent dans le prolongement de glacis et devient bien encroutés à l'aval. Il devient possible de distinguer en examinant les profils une succession de bas en haut de colluvions constitués de brèches issues des affleurements des roches dures du niveau supérieur, de dimensions variables et de couleur beige clair, composées essentiellement de gypse, suivie d'encroûtements gypseux enrobés dans une matrice limoneuse à sablonneuse et devenant plus persistante et continue vers l'aval. Vers l'amont et à la base des talus des excavations bien développées on observe un matériel sableux surmonté d'une croûte gypseuse à structure feuilletée. Des cailloux entreposés en surface confèrent aux piémonts l'aspect d'un reg. Ces cailloux parsèment le versant à la base de la corniche et forment un voile plus dense associé au sable éolien. Leurs dimensions varient des gravillons aux brèches (Fig. II.10 et 11)

Photo II.8 - Blocs disloqués du niveau 4 (Cliché BOUMARAF, 2012)

Ces versants souvent subissent une érosion active qui conduit au décapage du matériau Mio-Pliocène (sable gypseux avec intercalation marneuse). Nous distinguons des reliefs résiduels du point de vue géologique il s'agit de formations (photo II.10) reliques du Pliocène continental et du Quaternaire ancien en surface (NESSON, 1975).

Photo II.9- Blocs et brèches au pied du versant (Cliché BOUMARAF, 2012)

Ces reliefs apparaissent dans le paysage en buttes témoins du niveau supérieure caractérisés par la présence d'encroûtements gypseux à la surface et gypso-marneux à la base, Ces formations tabulaires sont généralement ensablées. Elles offrent l'allure d'une plate forme basse sur le terrain. On note leur culmination dans un plan malgré leur altitude relativement faible par rapport au niveau supérieur (Fig. II.12)

Photos II.10 - Butte témoin isolée dans le niveau 3. Photo prise à partir du niveau 4. On aperçoit au fond le chott Mérouane (Cliché BOUMARAF, 2012)

4.5. LE NIVEAU 4

Ce niveau est représenté par un immense glacis, dominant la partie septentrionale de la vallée par un abrupt de plusieurs dizaines de mètres (Fig. II.13 et 14). Les croûtes et encroûtement à structure vitreuse épousent la topographie (Fig. II.14), sur les surfaces planes elles affleurent partout en banc peu épais, elles apparaissent disloquées en dalles et en blocs, elles-mêmes très fissurées maintenues parfois en équilibre en hauteur. Une patine les recouvre et les vermiculures sont fréquentes. Parfois sur les flancs (Fig. II.12) on observe des débris en brèches de dimensions variables ne troublant pas l'homogénéité du terrain. Recouvert par un voile sableux et d'une lâche couverture végétale composées de xérophytes atteignant rarement les 50cm, ce niveau porte quelques traces d'écoulement réduites à des ravineaux de quelques dizaines de centimètres.

photo II.11 – Talus de la formation tabulaire du niveau 4 surplombant la vallée de l'oued Righ (Cliché BOUMARAF, 2012)

La morphologie feuilletée des croûtes et des encroûtements gypso-calcaires reflète l'aspect de l'érosion hydrique qui est responsable de leur formation. Par la succession d'actions de dissolution et de ruissellement engendrées dans cette région au cours du Quaternaire (Fig. II.15 et Coque, 1961 et Estorges 1961) ces formations présentent de haut en bas des croûtes à pellicules rubanées constituées d'amas friables et des nodules collés à une couche plus dure gypso-calcaire et à sa base un substrat consolidés marneux.

Ce niveau est en majeur partie recouvert par d'importantes dunes de sable. Ailleurs il est fortement érodé. Il subsiste, alors, que des buttes témoins .Il offre l'aspect de plates formes basses qui diffèrent seulement par leur extension plus au moins grande.

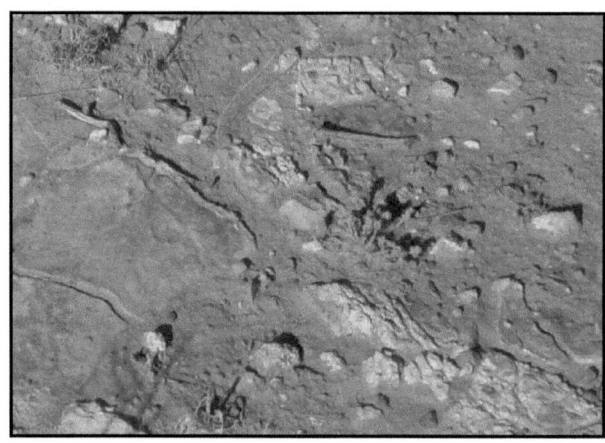

Photo II.12 - Dalle de gypse à aspect vitreux dans le niveau 4 (Cliché BOUMARAF, 2012)

Photo II.13 - La morphologie feuilletée au niveau des croûtes avec des excavations à leur base de dimensions variables (Cliché BOUMARAF, 2012)

5. ANALYSE SEQUENTIELLE

A partir des données morphologiques observées, la formation des différents niveaux au-dessus de la dépression fermée est fonction d'une sédimentation régressive des apports alluviaux au fur et à mesure qu'on recule du niveau 4.

Dans le niveau 1 la texture des alluvions est essentiellement constitués d'argiles plus ou moins gypseuses, sans apports grossiers, preuve que l'apport actuel des oueds qui descendent de l'Atlas Saharien ne transportent plus que des limons sableuses.(BALLAIS, 2010).

L'insignifiance de l'accumulation détritique à l'aval des glacis confinant les sebkhas, est due essentiellement aux variations climatiques durant le Quaternaire. Cette évolution ne se présente pas par une allure anarchique. La constatation du déclin du ruissellement et de l'intensification du rôle du vent dénoncent une aridité croissante qui s'est opéré pendant tout le Quaternaire. Elle aboutit au climat actuel qui correspond à une ultime phase de dessèchement. (COQUE, 1962).

La présence de reg en surface des niveaux 3 et 4 implique à la fois une reprise de la production des débris et la réapparition du ruissellement après l'élaboration des croûtes .Le ruissellement serait responsable de la dissection du niveau 4. Ce mécanisme a eu pour conséquence l'épandage des couvertures détritiques dont leur stratigraphie, constituée de bas en haut des alluvions des croûtes et encroûtement gypseux puis des regs. Dans le niveau 3 les colluvions proviennent sans conteste de l'éboulement de pans de corniche par le soutirage des roches meubles sous jacentes par infiltration et dissolution du gypse par les eaux de ruissellement sur le niveau 4. La gélification peut avoir les mêmes conséquences mais la présence d'excavations en contrebas des corniches nous oriente plutôt à la première hypothèse (ESTORGES, 1961). L'espace limité du niveau 3 indique que le mécanisme n'est pas intense. Cependant un autre facteur dont le rôle intermittent en fonction des saisons s'est opéré pendant le climat actuel. C'est l'importante action de la nappe phréatique par un jeu de précipitation et de dissolution. Actuellement, cette action existe sur les niveaux 0 et 1et est totalement absente sur les niveaux 3 et 4,

Que ce soit pour les croûtes et encroûtements gypseux la genèse se situe dans le cadre du même mouvement de climat. La remontée des solutions salines suite à l'évaporation climatique provoque une circulation ascendante et une précipitation des sels (WATSON, 1985). Ce processus ne peut fonctionner que suite au ralentissement des apports alluviaux et grâce à un assèchement relatif du climat.

L'influence actuelle de la nappe phréatique est très marquée, surtout par l'individualisation du gypse sous différentes formes et dans divers horizons (POUGET, 1968, DEKKICHE, 1976 ET BOYADJEF ET *AL*, 1992).Par contre dans les niveaux 4 et 3 on constate que l'indépendance des croûtes gypseuses à l'égard de leur support prouve que le gypse provient pour l'essentiel d'apports latéraux. L'ampleur de l'espace intéressé suppose un agent de transport dont l'activité ne dépend pas de la topographie. Seul le vent satisfait à cette exigence (RIVIERE, 1959). L'accumulation progressive des sulfates dans un sol préexistant se fait grâce aux mouvements ascensionnels de la solution saline. Au fur et à mesure de la remontée capillaire, les solutions séléniteuses précipitent dans les interstices du matériel sableux, et si celui-ci est lui-même gypseux (sables éoliens gypseux ou apports colluviaux) le mécanisme est plus accentué (augmentation des sites pour les ions qui se fixent à la surface des cristallites préexistants).

Emboités dans les formations quaternaires des glacis, les chotts et les sebkhas correspondent à des formes d'érosion qui sont, à la fois, éoliennes pour leur creusement et hydrique par leurs écoulements. Les éléments fins issus des réseaux hydrologiques de surface si pendant le quaternaire leur volume et celui des apports solides issus de la dissection des terrasses rende ces niveaux peu éolisable mais leur étendues concernés et à la faveur de l'action éolienne

6. CONCLUSION

L'évolution des paysages de la vallée de l'oued Righ dépend d'un part des conditions structurales définies par la lithologie et la tectonique et d'autre part des systèmes d'érosion soumis aux aspects paléoclimatiques hérités du Quaternaire et dont les croûtes et les encroûtements sont les témoignages. C'est cette morphogenèse qui est responsable des modelés en glacis emboités. En effet ce sont les 'alternances de phases humides et sèches qui ont permis la réalisation d'aplanissements interrompus par des incisions et des remblaiements.

Au regard des données géomorphologiques assemblées dans ces cinq niveaux il apparaît que le paysage actuel suit une différenciation qui obéit principalement à deux facteurs de pédogenèse, le vent et l'eau. Les niveaux 3 et 4 se situent dans une zone quasi exclusive d'apport éolien recouvrant les affleurements géologiques et le talus de la formation tabulaire. Les nivaux 0, 1 et 2 sont soumis aux actions hydriques et éoliennes avec un façonnement pédologique mécanique et chimique.

L'analyse géomorphologique des résultats obtenus reflète la dominance de l'action éolienne récente sur les apports alluvionnaires anciens traduisant le déclin du ruissellement et l'intensification du rôle du vent dénonçant une aridité croissante de cette région au cours des dernières phases du Quaternaire (COQUE, 1962).

Le façonnement chimique est liés à la nappe superficielle chargée tributaire des accumulations salines, particulièrement celle du gypse bien individualisée. Les différentes formes de cristallisation caractérisent le niveau 2. C'est le domaine de la gypsomorphie (Gernet, 1966).

Les niveaux 0 et 1 sont essentiellement composés d'apports alluviaux fins, L'action de la nappe phréatique y est plus accentuée que dans le précédent niveau. Cependant l'action des vents avec le déclin des précipitations et l'immensité de la surface concernée (niveau de base 0) l'emporte .Toutefois la morphogenèse bien reconnues à travers les accumulations cristallines caractéristiques de la surface, définit ce domaine comme celui de l'hydromorphie.

CHAPITRE III

APPROCHE PEDOLOGIQUE

1. LE CHOIX DES PROFILS

Le choix des profils et sondages a été réalisé sur la base de l'analyse géomorphologique étudiée auparavant. Depuis le Chott Mérouane, au sud, jusqu'au plateau de Stil, au nord, nous avons défini cinq niveaux principaux. Le premier niveau, la sebkha (niveau 0), est caractérisé par de fortes accumulations de sels. Il n'a pas été pris en considération car il n'offre pas de perspectives pour une éventuelle mise en valeur.

Pour chaque niveau nous avons procédé à l'identification des unités morphopédologiques types. Pour cela nous avons tenté en premier lieu de situer les niveaux dans leur cadre géographique, en utilisant les relevés topographique avec l'analyse des données géomorphologiques précédemment obtenues. En second lieu, plusieurs sorties de prospection de terrain nous ont permis de réaliser des profils avec prise d'échantillons.

Des profils types définissant les caractères génétiques communs à chaque niveau furent localisés et caractérisés (texture, structure, présence ou absence d'encroûtement, proximité de la nappe, etc.) suivant une séquence linaire d'orientation nord-sud. Cette démarche a permis de connaître l'évolution des caractères physico-chimiques de chacun des niveaux. (Fig. III.1). Le tableau III.1 nous indique la répartition des prélèvements par niveau

Niveaux	Profils	Total des prélèvements analysés par niveau	Total
Niveau 1	d1, d2, d3.	6	
Niveau 2	c1, c2, c3.	9	
Niveau 3	b1, b2, b3.	8	30
Niveau 4	a1, a2, a3.	7	

Tableau III.1 - La répartition des prélèvements par niveau

2. LES ANALYSES DE LABORATOIRE

Les échantillons sont numérotés et regroupés par ordre de prélèvement dans chaque niveau. Amenés au laboratoire, ils ont subi des analyses physico-chimiques, minéralogiques et microscopiques.

2.1 LES ANALYSES PHYSICO-CHIMIQUES

2.1.1 – La granulométrie

Après destruction de la matière organique a l'H_2O_2 et du ciment calcaire par HCl (5 %), le fractionnement granulométrique a été obtenu par tamisage. Suite à la forte floculation et la perte de poids (forte présence du gypse) la fraction fine se trouve surestimé pour cela nous avons utilisé des solutions de NaCl (3 g/l) pour le dissoudre et ramener la température de chauffage à 60°c (BELGAMAZE ,1992).

2.1.2. - Le calcaire total

Le dosage du calcaire total est réalisé par la méthode acidimétrique grâce au calcimètre Bernard.

2.1.3 – La mesure du pH

L'opération est exécutée par la méthode électro-métrique à l'aide d'un pH mètre à électrodes de verre étalonné avec une solution tampon de pH connu.

2.1.4 - La Mesure de la conductivité électrique

Nous avons utilisé la méthode des extractions aqueuses de rapports pondéraux sol/eau fixes (1/1,1/2,1/10) et particulièrement 1/5 car elle est plus rapide et moins consommatrice d'eau et permet une étude de l'évolution dans le temps et /ou l'espace de la salinité par détermination du profil salin potentiel (PAUWELS, 1992).

2.1.5 - La mesure du gypse

On a utilisé la méthode de COUTINET (1965) qui consiste à mesurer le taux de gypse suite à sa décomposition avec du carbonate d'ammonium (ou de sodium) dosé à 5%. L'ion sulfate est libéré et précipite avec du chlorure de baryum dosé à 20% à chaud. La mesure gravimétrique de l'ion sulfate donne la teneur en gypse (AOUN, 1995).

2.1.6 - Les sulfates

Les sulfates sont détermines selon la méthode gravimétrique qui, malgré son ancienneté, reste valable pour les sols riches en SO_4. Elle est toujours considérée comme une méthode de référence (RODIER, 1976).

2.1.7 - Les chlorures

Les ions Cl⁻ sont dosés suivant la méthode argentomètrique DE MOHR. Ils précipitent sous forme 'AgCl2 en présence d'AgNo3.

2.1.8 - Les carbonates

Les carbonates sont dosés sur l'extrait 1/5 par titrimétrie avec H_2SO_4 en présence d'un indicateur phénolphtaléine.

2.1.9 - Les cations solubles

Après dilution de l'extrait 1/5 les cations sont dosés grâce au spectrophotomètre de flamme pour les cations Na^+ et K^+ et par l'absorption atomique les cations Ca^{++} et Mg^{++}

2.1.10 La capacité d'échange CEC.

Après déplacement des bases échangeables par l'acétate de sodium, le complexe adsorbant est saturé par une solution de KCl (1N) après un lavage préalable à l'éthanol (95%). La quantité de Na^+ dosée sur le surnagent correspond à la CEC. D'après les résultats de FAKNOUS, 1984, cette méthode (méthode de BOWER) semble la plus fiable pour les sols contenant des sels peu solubles.

2.2 LES ANALYSE DIFFRACTOMETRIQUES.

2.2.1 La séparation de la fraction argile.

L'individualisation des argiles et leur identification continue toujours à poser des problèmes. Une étude exhaustive sur la question nécessiterait un travail considérable pour séparer la fraction argileuse sans dénaturer la constitution cristalline des minéraux (ROBERT, 1974). En effet la texture grossière et la présence relativement élevée du gypse dans les échantillons étudiés ont faussé l'analyse granulométrique à la suite d'une floculation et d'une perte de poids au séchage. En effet, une floculation partielle entraîne une sous estimation des fractions fines. Le séchage à 105°C élimine une partie de l'eau des particules gypseuses et conduit à une sous estimation pondérale dans les fractions fines et grossières. (VIEILLEFON, 1979).

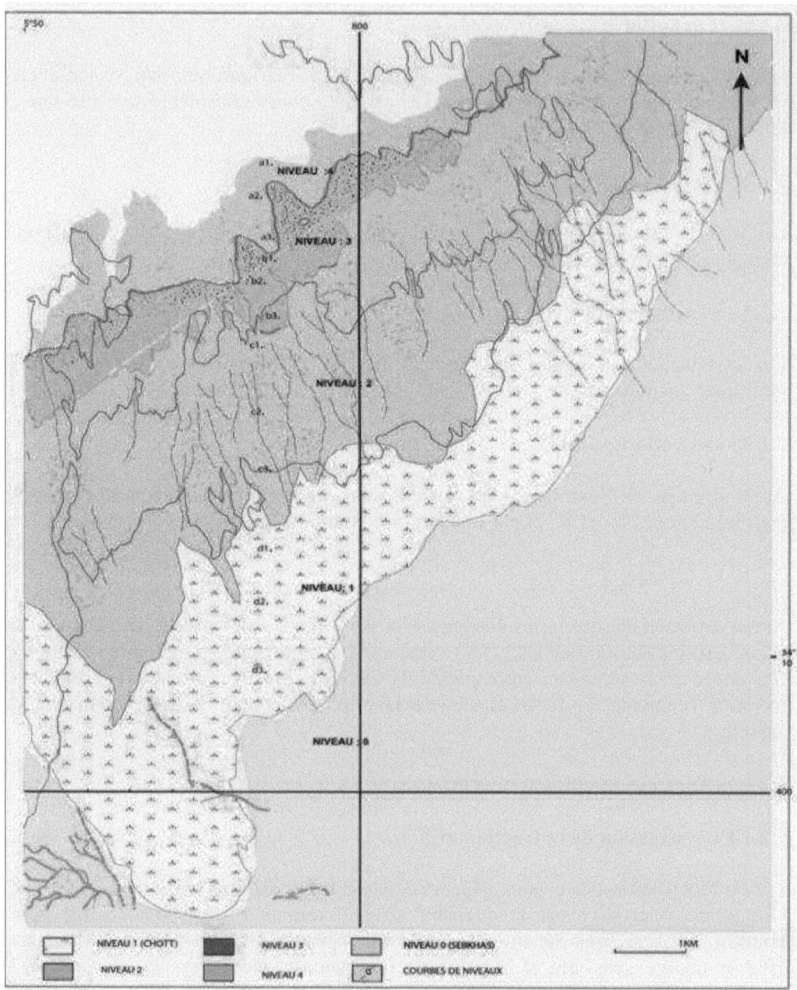

Figure III.1- La répartition linéaire des profils

La méthode utilisée est celle de COUTINET, (1965) dont le principe est d'éliminer le gypse après sa dissolution en utilisant l'oxalate d'ammonium comme pour le dosage du taux de gypse ou d'une solution de chlorure de sodium Dans ce choix, retenu par POUGET (1966), la présence des sels de chlorure de sodium ou de magnésium augmente la solubilité du gypse pour atteindre un maximum puis décroît (Tableau III.2)

NaCl		Concentration g / l						
		0	2.925	1.462	58.50	131.6	206.7	299.6
CaSo4	T : 14°	1.10	2.79	3.68	5.72	7.20	6.30	5.30
	T : 2°	2.10	3.15	4.00	6.00	7.30	6.30	5.03

Tableau III.2 - Influence de la concentration en NaCl sur la solubilité du gypse.
(DURAND, 1963)

Après lavage, on laisse déposer puis on siphonne et on ajoute de l'eau distillée S'il y a floculation on ajoute une solution de 3g/l plusieurs répétition ont été effectuée afin que les résultats soient acceptables pour procéder ensuite à la séparation de la fraction argile.

2.2.2 La diffraction aux rayons X

La méthode des poudres de DEBY-SHERER consiste à faire tomber un faisceau parallèle de rayons x monochromatique sur un échantillon composé de très petits cristaux orientés au hasard et dont certains de leurs plans réticulaires font avec le rayon incident un angle qui satisfait la relation de BRAGG (REBBAH, 1993). Dans cette méthode, utilisée essentiellement pour une analyse globale, la fraction inférieure à 2 microns est séchée, broyée puis portée sur le porte-échantillons exposé au rayons X. Les spectres de rais de tous les minéraux sont donnés : minéraux primaire résiduels et minéraux secondaires comme les oxydes de fer, sulfates, carbonates et phyllo-silicates. Leur présence révèle le degré d'évolution du sédiment. S'il y a beaucoup de minéraux primaire, l'altération a été intense et très ancienne. Ces minéraux confirment par leur présence ou absence, l'étude faite sur les minéraux argileux (GUEZ, 1982).

2.2.3 Les traitements effectués

Pour mieux distinguer la kaolinite à 7.2 souvent masquée par le gypse 7.56 ($CaSo_4$ $2H_2O$), nous avons réalisé un chauffage à 400°C. Une série de traitements physico-chimiques (thermique, fixation des cations échangeables, et du liquide à fonction alcool) afin de différencier la chlorite a 14.2Å de la vermiculite et des smectites, même opération pour les illite 10° Å. Le traitement de chauffe à 300°C à l'éthylène glycérol permet d'identifier la sépiolite à 12° Å (Robert, 1975). L'identification de l'origine de la montmorillonite (17.7 Å) par le test K-éthylène glycol, préconisé par TESSIER, (1972) n'a pas pu être réalisé. Le tableau III.3 présente les principaux traitements.

2-3 LES EXAMENS MORPHOSCOPIQUES ET MICROSCOPIQUES.

Les examens morphoscopiques et microscopiques se sont révélés comme étant des outils complémentaires et indispensables au diagnostique de la pédogenèse. Ces observations qualitatives des grains de sable nous permettent d'étudier à partir de leur forme et de leur aspect, le mode de transport auquel ils ont été soumis. Les examens morphoscopiques, ont été réalisés par une loupe binoculaire (Un stéréomicroscope). Cela permet une vision en relief des grains des sables.

Le microscope à balayage électronique est une technique de microscopie capable de produire des images à haute résolution de la surface d'un échantillon en utilisant le principe des interactions électrons-matière, qui permet de définir la nature chimique de l'atome. Les échantillons sont fixés par une résine et sont introduits dans l'enceinte du métalliseur dans laquelle on fait le vide.

Type d'argile	Type de saturation et test effectués	D (001) en ā Å
Kaolinite	- 400°c	7.2 disparition du gypse à 7.56
Chlorite	- Mg normal - Mg + 400°c - Mg glycerol - Mg + 500°c	14.2 14.2 14.2 14.2
Illite	- Mg normal - Mg + 400°c - Mg glycérol - K + chauffage	10 10 10 10
Smectite	- 200°c - éthylène glycérol Mg normal	10-12 ≥ 17 14

Tableau III.3 - Principaux traitements effectués.(ROBERT, 1974)

3. RESULTATS ET ANALYSES DES DONNEES

3.1 NIVEAU 1

3.1.1 Les résultats et la synthèse morpho-analytique.

Les sols dans ce niveau sont caractérisés par la présence d'une dense végétation halophyte dont les racines sont envahies par des cristaux de sels. (Photo III.1).L'état de surface est recouvert d'un voile blanc, efflorescences salines de diverses natures, essentiellement sulfatées. Dans certains endroits, cette couverture salée devient par sa consistance une croûte visqueuse et craquante de 2 à 3cm (BELKHODJA, 1971). C'est la micro division en pseudo sables sous l'effet mécanique de la cristallisation des sels, suite à leurs précipitations à partir de la nappe phréatique. Ceci est une conséquence de la remontée par capillarité des solutions salines qui est d'autant plus accentuée que la nappe est proche (60cm de la surface), et surtout que le matériau limono-sableux présente une conductivité hydraulique supérieure à 10 mm/jour.

Le profil salin est du type ascendant avec un gradient de salinité orienté vers la surface où il atteint un maximum épipédonique de 18.12 dS/m. La capacité d'échange est faible (entre 2.4 et 10.5 Cmol/Kg). Par contre, le résultat relativement élevé du pH alcalin (7.8 à 8.2 tableau III.4) reflète, selon BOULAINE (1974), un taux de Na^+ échangeable qui dépasse les 15 %. Le calcaire total est très faible le long de ces profils. La solution du sol est dominée par le Na^+ particulièrement en surface suivi du Ca^{++}. Cette dominance constatée est la conséquence d'un phénomène de sodisation du complexe absorbant. Pour le Ca^{++} c'est la concentration ionique élevée qui engendre une dissolution du gypse et la libération dans la solution de ce cation.

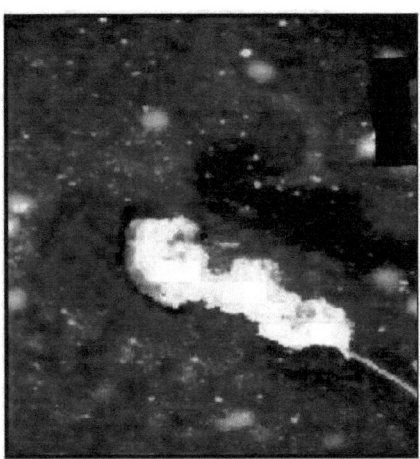

Photos III.1 - Cristaux de sels agglomérés sur une racine (Cliché, BOUMARAF, 2012)

SERVANT (1974) a démontré, expérimentalement, le démantèlement de la structure lamellaire d'un substrat limoneux sous l'influence de la croissance des cristaux de NaCl. En effet, la présence du gypse dans les matériaux colluviaux provoque une division de la matière terreuse et une dilution de celle-ci au sein de la matrice gypseuse qui envahit les vides tubulaires du matériel limoneux engendrant une pré-décompactions structurale, observée sur la croûte de surface, sous l'influence de la pression de cristallisation des sels (AUBERT, 1976 et HALITIM,1988). Nous avons observé ce processus sous le MEB, sur un échantillon non remanié du profil d1 (horizon 30-60cm et photo III.2). Ce processus est bien individualisé sur les niveaux les plus bas, à proximité des grands chotts

La forme poudreuse a été caractérisée par WATSON (1985) comme étant un dépôt de gypse en surface (> 2 mm) non consolidée, qui peut être accentuée par la proximité d'une solution salée issue de la nappe, suite à des fractures engendrées dans la structure lors de sa dessiccation pendant les périodes sèches. Le taux du gypse, plus faible en surface qu'en profondeur, reste toujours important (entre 34.88% et 66.4%). Cependant selon TIMPSON ET AL (1986), la précipitation des sels se présente sur une séquence verticale depuis le niveau de la nappe phréatique jusqu'à la surface suivant l'ordre suivant : $CaCo_3 - CaSO_4 - NaCl - MgSo_4 - MgCl_2 - CaCl_2$ (Fig.III.2). Ceci peut s'expliquer par la conductivité électrique élevée en surface qui engendre la dissolution partielle des cristaux de gypse (DURAND, 1963 ET POUGET, 1966)

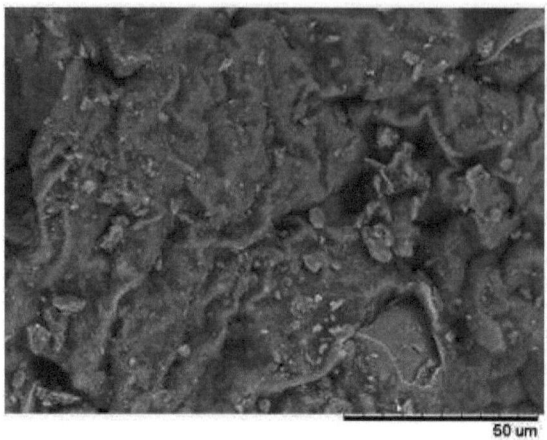

Photo III.2- Imprégnation de la matrice gypseuse sur le quartz observée sur un échantillon d1 (30-60cm) (Cliché, BOUMARAF, 2012)

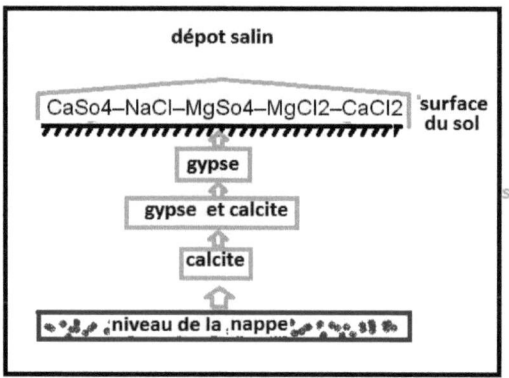

Figure III.2 - La précipitation des sels solubles à partir d'une nappe chargée selon TIMPSON et AL 1986

Le rapport Cl$^-$/SO$_4^-$ est parfois supérieur à 2 ce qui traduit la grande mobilité de l'ion Cl$^-$ par rapport au SO$_4^-$ surtout quand le faciès géochimique de la nappe phréatique est du type chloruré sulfaté (BOUMARAF, 2004). La présence du gypse offre de faibles rapports Cl$^-$ / SO$_4^-$ à cause de la dissolution de ce sel dans de telles circonstances de concentration ionique dans l'extrait aqueux (une conductivité électrique entre 8.2 et 18.12 dS/cm) (VIELLEFON, 1979).

Profils	Profondeur Cm	Argile %	pH H2O	CEC Cmol/Kg	CE dS/Cm	Gypse %	CaCo3 %	Sels solubles ppm						
								Na^+	K^+	Ca^{++}	Mg^{++}	Cl^-	So_4^-	Hco_3^-
d1	0 - 30	10.11	8	2.8	14.1	44.2	2.6	60.3	22.7	57.2	7.8	64.62	41.1	2.8
	30 - 60	19.4	8.1	5.1	8.2	51.6	1.8	43.8	18.11	50.5	7.2	71.45	38.8	2.8
d2	0 - 25	7.8	7.9	3.4	16.21	58.1	1.7	37.91	21.44	48.72	4.82	73.22	35.44	2.4
	25 - 55	19.5	7.9	4.6	9.12	63.8	1.5	44.81	18.38	40.8	7.91	72.21	55.60	2.8
d3	0 - 15	5.4	7.8	2.4	18.12	34.88	2.8	63.61	19.45	75.52	10.76	59.12	41.18	3.2
	15 - 45	24.4	8.2	10.5	12.51	66.4	1.3	75	18.91	91.8	17.92	55.22	46.44	3.4

Tableau III.4 Les résultats des analyses physico-chimiques du niveau 1

☐ Horizons n'ayant pas subit de traitement aux rayons X

▨ Horizons ayant subit un traitement aux rayons X

3.1.2 Les résultats et la synthèse diffractométrique.

Les résultats obtenus dans ce niveau (Tableau III.5), démontre la forte présence du gypse surtout en profondeur (de 485.49 à 1437.38 cps). Ceci est lié à la proximité d'une nappe (environ 60 cm) dont les eaux très chargées en sels (ES=12.4 g/l) augmentent la solubilité du gypse (BENNETT *ET AL.*, 1972). En effet, la solubilité du gypse est généralement influencée par la présence de sels solubles car le gypse est un électrolyte faible sa solubilité est modifiée lorsque la solution contient des électrolytes forts ayant ou non des ions communs (POUGET, 1968).

La calcite qui est présente en faible quantité sur tous les profils (15.34 et 31.43 cps) reste faible par rapport à la dolomite qui atteint la valeur maximale de 233.84 cps. D'après l'analyse stratigraphique locale du bas Sahara, la dolomite est présente surtout au niveau du Turonien. La présence de ce minéral dans les formation récentes s'expliquerait par son origine détritique due soit à l'érosion hydrique et au ruissellement responsable d'une alimentation en la dolomite des régions situées en contrebas (CHARLE, 1975), soit à une action éolienne récente (Coque,1962). L'hypothèse de la néoformation avant l'accumulation saline, par la rétention, au niveau des horizons sub-superficiels, par les radicelles d'une dense végétation, de l'excès des carbonates serait très improbable dans ce contexte bioclimatique (BOULAINE, 1961)

L'attapulgite est bien présente dans les profils. (photo, III.3) Ceci est liée à la stabilité géochimique, riche en ions basiques, nécessaire pour sa conservation qu'offre ce niveau. Cependant, ces conditions restent de loin de celles favorables à son éventuelle néoformation. Selon HALITIM (1988), l'absence constatée de l'attapulgite observée au niveau des chottes et sebkhas d'El Hodna s'expliquerait par l'inexistante contribution des fortes concentrations des sels solubles dans la genèse de ce minéral fibreux caractéristique de ces régions (PAQUET 1969). Dans un contexte climatique différant de celui-ci (semi-aride), la disparition de l'attapulgite dans certains horizons est liée à la teneur en calcaire très faible ou absente et à leur humidité accrue (SCHON, 1969) a soulevé la vulnérabilité et l'absence de ce minéral fibreux dans les régions subhumide et humide. Mais il reste à savoir cependant si la quasi perméabilité structurale dans ce niveau serait responsable d'une éventuelle destruction de l'attapulgite. Cependant nous constatons son absence au niveau de l'épipédon.

Masquée par le pic du gypse, la kaolinite (7.2Å) est aussi présente dans ce profil à des faibles intensités de 5.95 à 16.75 cps. Il est couramment admis que la kaolinite est un minéral argileux qui se construit dans les milieux ou règnent un lessivage rigoureux et une forte désaturation des solutions qui s'opère depuis l'horizon de surface vers la profondeur où le milieu est riche en silicates d'aluminium et permet la néoformation de ce minéral. Comme le profil salin dans ce niveau ne présente pas ce schéma (hyperpédonique), la kaolinite est issue d'un héritage.

Intensité (coups par seconde) des principaux minéraux (**fraction** < 2μm)

Profils	Profondeurs (cm)	Calcite	Dolomite	Anhydrite	Gypse	Attapulgite	Kaolinite	Illite	Chlorite/smectite	Quartz	Hématite	Anatase
d1	30 - 60	31.43	49.56	25.53	485.49	45.55	5.95	120.62	142.40	168.38	75.55	15.85
d2	0 – 25	15.34	137.40	13.51	509.60	-	-	113.11	104.17	309.60	27.73	-
	25 - 55	16.25	233.84	10.02	1277.78	39.46	7.22	158.36	282.37	985.22	98.48	19.97
d3	15 - 45	19.41	17.59	19.41	1437.38	19.51	16.75	84.28	348.73	86.05	55.57	-

Tableau III.5 Les résultats des analyses diffractométriques du niveau 1

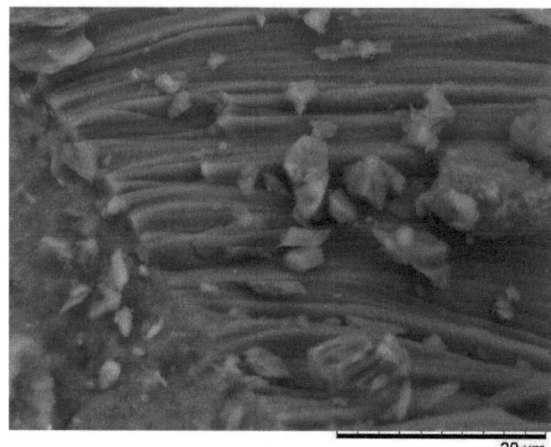

***Photos III.3 Fibre d'attapulgite pseudo feuillets à couches octaédriques en bandes parallèles
(Cliché BOUMARAF,2012)***

Une fois présent dans ce milieu, il reste le minéral phylliteux le plus stable. La forte présence d'illite est probablement liée à la forte teneur de K^+ dans les eaux de la nappe phréatique (18.11 et 22.7 ppm) (HALITIM, 1988)

En revanche, la chlorite trouve une meilleure intensité de son pic dans ce niveau, ce qui reflète une cristallinité parfaite de son réseau cristallin provoquée par la richesse de ce milieu en cations basiques, particulièrement celle de Mg^{++}. Les tests de chauffage et de gonflement effectué sur l'échantillon d 25-55 nous ont permis de voir qu'il s'agirait plutôt d'une instratification smectite–chlorite

3.2 NIVEAU 2

3.2.1 Les résultats et la synthèse morpho-analytique.

Dans ce niveau, la structuration générale des sols est meuble avec une texture sableuse à limoneuse. L'évolution pédogénétique de ces sols est globalement peu marquée. Ce caractère est dû aux conditions climatiques qui engendrent une déflation éolienne. Le paysage est envahi par les nebkas. Les sols sont recouverts d'un voile éolien plus au moins important qui limite leur évolution. Ce voile est constitué de grains de sables, qui sont associés à de nombreuses formes très fines de cristaux de gypse. (Photo III.4)

Selon WANG, (1998) la formation des cristaux est grande lorsque le taux de Ca^{++} dans la solution du sol est supérieur à 10^{-3} mol/l. Cependant l'exactitude de la localisation des diverses formes est méconnue car elles sont soumises à des phénomènes continuels de solubilisation et de cristallisation qui sont provoqués par la variation saisonnière très contrastée du niveau de la nappe (dominance des mouvements per-assensum ou per-descendum) et aussi de la nature ionique de celle-ci (KADRI, 1987).

***Photo III.4 Forte présence du gypse associés aux grains des sables de recouvrements, profil :
c2, horizon (0 - 45cm). (Cliché, BOUMARAF, 2012)***

Grâce aux observations microscopiques des échantillons recueillis sur le terrain nous avons pu distinguer en surface des formes de cristaux lenticulaires et très rarement aciculaires. En profondeurs, elles se présentent sous une forme sub-angulaire à ovoïde (Photos III.5 et III.6)

***Photo III.5 formes lenticulaires et aciculaires des cristaux de gypses (Cliché BOUMARAF,
2012)***

Photo III.6 cristaux de gypse de formes sub-angulaires (Cliché, BOUMARAF, 2012)

De plus, nous avons pu observer dans les horizons du profil des nodules de tailles diverses (entre 2 et 20 cm) et dense. Parfois ils se confondent avec les roses des sables de couleur jaune rougeâtre. Plus profondément (profil c2), on observe des croûtes qui surmontent des encroûtements gypseux. Dans ce cas, la tendance structurale lamellaire de l'encroûtement ne paraît pas suffisante pour les distinguer les uns des autres.

Selon ROBERT et *al* (1987) le durcissement de l'encroûtement gypseux est dû à l'enrobement par interpénétration de cristaux de gypse sans intervention de ciment, où les différents constituants des sols (quartz, argile, calcaire) se trouvent emprisonnés dans une sorte de charpente formée à partir des lentilles de gypse liées entre elles avec d'autres cristaux de taille inférieure.

La teneur du gypse dans les profils représente, dans ce niveau, des valeurs variées entre (21.2 et 74.3%). En revanche, le calcaire total offre des valeurs manifestement très faibles dans tous les échantillons traités (tableau III.6). Selon VIELLEFON (1976), le gypse et le calcaire dans le sol ne sont pas indépendants l'un de l'autre. Quand la quantité de calcaire diminue, celle du gypse augmente. HALITIM *ET AL*. (1987) montrent que le gypse envahit, détruit et bloque l'évolution des accumulations calcaires. Ils pensent que ce phénomène et dû à la pression de cristallisation du gypse (1100 kg/cm^2) qui détruit les individualisations calcaire par suite de l'arrivée continue de solutions sulfatées et de leur précipitation. (Photo III.7).

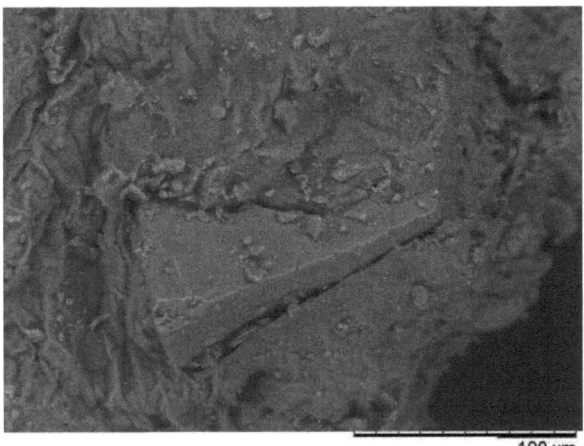

Photo III.7 Cristaux de calcite agglutinés par le gypse (Cliché, BOUMARAF, 2012)

Généralement la structure est plus fine en profondeur. Cependant, parfois, elle devient massive, avec la présence d'une croûte gypseuse de couleur jaune clair à brun tanné. La transition morphologique entre les horizons est graduelle et très diffuse. La couleur est relativement peu variable cependant il arrive qu'elle augmente à cause de la proximité de la nappe phréatique. Le niveau piézométrique dépasse rarement la profondeur de 1,5m en hiver. Son influence est évidente dans ce niveau sur les divers paramètres chimique des sols (pH, CE, CEC…) le profil salin et du type hyperépidonique (profils c3) à mésoépidonique (profils c1 et c2). En raison de la position de la croûte gypseuse qui freine la remontée des sels, la valeur de la conductivité électrique mesurée par le rapport 1/5 dans les prélèvements des sols effectués dans le profil c3 situé à la limite avec le niveau 1 est élevée. Elle est plus grande en surface qu'en profondeur (9.8 à 6.5 dS/cm). Cela est dû essentiellement à l'influence de la nappe superficielle de type chlorurée sulfatée (Tableau III.6) qui alimente le profil par remontée capillaire. Selon Servant,(1978) à une salinité ascendante correspond une augmentation des solutions salines et une accumulation en surface du sol sous l'effet de l'évaporation. Ce transfert des sels est possible tant que la force de sussions de l'eau par le sol reste compatible avec la demande atmosphérique. Dans les profils c1 et c2 les valeurs les plus élevées de la salinité sont mesurées soit, dans la croûte gypseuse (15 à 33cm). Soit sous la croûte gypseuse aux profondeurs comprises entre 70 à 120 cm. Ceci reflète une désalinisation temporaire en surface par les eaux de ruissellements doublé par l'existence d'un niveau imperméable (pétrogypsique) ou les sels s'accumuleraient.

Le pH de ces sols est d'une manière générale légèrement alcalin (inférieur a 8.2) .Ceci est due a la prédominance des sels alcalins, et aussi à la faiblesse du pouvoir tampon intimement liée a la texture du sol (taux d'argile inférieur à 26.2%), ce qui conduit à une capacité d'échange cationique faible (entre 2.6 et 9.5 Cmol/Kg) .Ceci est aussi liée aux forts taux du gypse qui n'est pas un constituant du complexe adsorbant du sol car, d'une part, ses particules ne possèdent pas de charge négatives, et d'autre part, elles possèdent une faible surface spécifique, (FAO, 1990). Cependant il est à souligner que la dissolution des sels empêche la saturation totale des sites d'échange par le cation utilisé lors de l'analyse de la CEC (NH_4^+). Les travaux de JOB (1981), ont montré que dans les sols à forte teneur en gypse, le pourcentage d'erreur concernant la CEC peut atteindre 51%.

Profils	Profondeurs Cm	Argile %	pH H$_2$O	CEC Cmol/Kg	CE dS/cm	Gypse %	CaCO$_3$ %	Sels solubles ppm						
								Na$^+$	K$^+$	Ca^{++}	Mg^{++}	Cl$^-$	SO$_4^-$	HCO$_3$
c1	0 – 15	22.8	7.9	4.8	5.2	59.6	2.2	32.2	6.2	10.1	8.8	30.2	22.8	2.4
	15 – 33	7.4	8.2	3.1	9.72	74.3	2.2	58.26	5.4	30.6	16.86	69.14	37.55	2.8
	33 – 75	21.2	8.1	5.1	7.3	44.6	2.6	30.45	6.5	29.5	6.22	35.6	30.5	2.8
c2	0 – 45	8.2	7.9	2.8	8.1	34.5	1.8	40.4	5.41	22.81	8.61	47.8	27.2	2.6
	45 – 70	17.3	8.1	5.9	8.54	66.9	7.6	54.31	9.71	28.81	10.4	50.7	53.6	2.4
	70 – 120	26.2	8.1	9.5	14.7	49.84	16.2	75.11	10.7	49.5	15.91	79.2	61.8	3.4
c3	0 – 20	8.4	8.1	2.6	9.8	21.2	2.2	78.2	7.8	40.1	15.6	94.1	36.4	2.4
	20 – 75	12.4	8.1	3.2	8.84	51.1	2.4	80.1	6.4	42.4	17.2	96.8	38.7	2.4
	75 – 100	24.4	8.2	4.8	6.5	65.5	2.2	40.8	5.2	11.84	6.82	41.55	20.4	2.8

Tableau III.6 Les résultats des analyses physico-chimiques du niveau 2

☐ Horizons n'ayant pas subit un traitement aux rayons X

▨ Horizons ayant subit un traitement aux rayons X

3.2.2 Les résultats et la synthèse diffractométrique.

L'analyse aux rayons X des échantillons prélevés dans le niveau 2 nous a révélé la manifestation très particulière de l'attapulgite uniquement en profondeur pour les profils c2 et c3 (Tableau III.7). Ceci pourrait s'expliquer par l'influence d'une nappe superficielle chargée en Mg^{++} et Si^{+++} très présente dans ce niveau nourrissant la formation de ce minéral fibreux (HALITIM, 1988). MAGNIE(1964) constate que la teneur en attapulgite diminue plus au moins rapidement lorsqu'on va de la profondeur vers la surface sur les sols développés sur marne au Sénégal et il conclut à l'héritage de ce minéral à partir de la roche mère.

La présence de l'attapulgite détritique dans les sédiments actuels comme c'est le cas dans l'horizon de surface du profil c1 (0-15cm) a été déjà été observé par VIANI, (1983), CALLEN,(1984) ET COUDE-GAUSSEN, (1987). Ce minéral fibreux, est exporté sous forme de poussières, vers les régions désertiques, par le vent. COUDE-GAUSSEN *ET AL.* (1985) soulignent que cette argile se transporte en suspension sous trois états : grains éoliens, constitués d'argile fibreuse, fibres élémentaires que l'on retrouve dans les expulsions très lointaines de poussiers et revêtement de fibres plus au moins écrasées et altérées tapissant des grains de minéraux varies (quartz, mica, feldspath) participant à ce transport de poussières. (Photos III.8 et III.9).

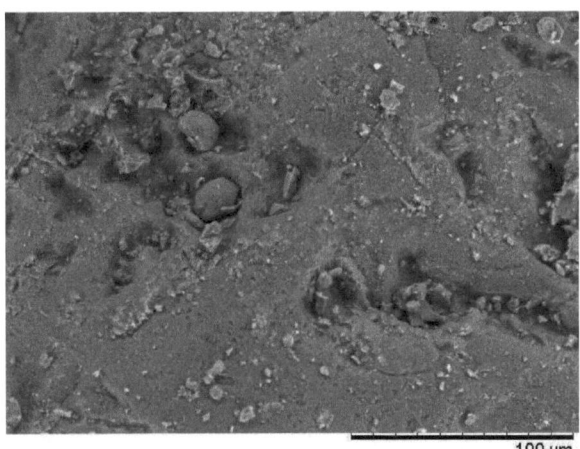

Photo III.8 Rugosité sur la surface d'un grain de sable (Cliché, BOUMARAF, 2012)

Photo III.9 Agrandissement de la photo III.8 ou on distingue l'incrustation d'argiles à l'intérieur des micros pores et à la surface des grains de sable (Cliché, BOUMARAF, 2012)

L'autre conséquence de la nappe phréatique dans ce niveau comme le précédant est la précipitation massive sous divers formes cristallines de gypse à 7.56Å (POUGET 1968, BOYADJEF 1974, WATSON 1985). DEKKICH, (1976) avance l'hypothèse selon laquelle le gypse orienterait la néoformation de l'Attapulgite, ROBERT ET AL (1987) démontre que le gypse agit par une action mécanique de dilution sur le matériau quartzeux d'où la libération de la silice nécessaire susceptible de contribuer a une éventuelle néoformation de l'attapulgite en réalisant des liaisons covalentes avec le Mg^{++}. Toute fois les horizons ou nous avons constaté l'absence de ce minéral se caractérisent par la présence d'une croute gypseuse .Cependant vue l'ampleur des apports éoliens constatés à travers l'examen morpho-analytique dans ce niveau nous pouvons penser que cette attapulgite est déposé par le vent dans le cas du profil c1. Ce processus à été rapporté par GAUSSEN dans l'erg du Mali et VIANI ET AL (1983) dans le désert Saoudien, où sur place, l'attapulgite soumise a une hydromorphie temporaire assez perméable en milieu calcimagnésique, est bien conservée (DUTIL , 1971). Son absence dans les horizons pétrogypsique est liée aux effets mécaniques de la cristallisation du gypse.

La chlorite qui se présente dans ce niveau d'une manière différente à celle de l'attapulgite, est présente sur tous les échantillons traités. (c1, c2 et c3) et retrouve une meilleur cristallinité en profondeur (382.59 cps) ce qui pourrait suggérer une transformation par aggradation in situ dans un milieu salé provoquée par une nappe superficielle peu profonde ,où les solutions salines riches en Mg^{++} agissent dans cette ambiance en complétant la couche brucitique éventuellement dégradée. Selon DROST ET AL. (1962) la fragilité de la chlorite dépend de l'intensité des substitutions en position tétraédrique et octaédrique dans son réseau, ces substitutions sont compensées par l'introduction de Mg^{++} dans les coussinets brucitiques de la chlorite, Parallèlement POWERS,(1957) constate l'accroissement de la teneur de Mg^{++} dans les réseaux des phyllites au fur et à mesure que la chlorite se stabilise. Par contre la formation d'une couche brucitique au sein des autres minéraux 2/1 ne peut se faire qu'en présence de Mg $(OH)_2$ dont la formation est incompatible avec les conditions du pH des milieux salés de ces régions (HALITIM, 1988).

Intensité (coups par seconde) des principaux minéraux (fraction < 2µm)

Profils	Profondeur (cm)	Calcite	Dolomite	Anhydrite	Gypse	Attapulgite	Kaolinite	Illite	Chlorite	Smectite	Anatase	Apatite	Quartz
	0 – 15	9.66	40.44	23.27	340.83	11.15	13.42	25.25	8.15	-	5.72	182.27	468.36
c1	15 – 33	13.51	47.65	6.01	933.46	21.98	14.44	247.42	57.65	-	21.98	27.73	299.66
	33 – 75	8.06	49.49	38.33	289.64	28.98	24.42	149.92	69.92	-	46.46	19.89	144.48
c2	45 – 70	95.30	57.56	36.69	485.49	-	19.69	123.52	110.98	-	43.35	87.40	193.10
	70 – 120	17.99	13.84	28.91	136.04	92.11	32.21	153.59	181.93	-	13.62	26.75	298.88
c3	20 – 70	188.38	-	5.88	945.92	-	158.58	88.18	168.68	58.78	40.20	68.78	1737.77
	70 – 120	125.29	-	17.47	545.55	93.90	25.29	135.82	382.59	78.15	-	139.68	169.27

Tableau III.7 Résultats des analyses diffractométriques du niveau 2

Les illites manifestent une présence plus intense dans les horizons souterrains qu'on surface. Les illites de surface sont d'origine détritique issues d'apports éoliens. Celles de profondeur seraient dues aux teneurs relativement faible de K^+ (5.2 et 10.71 ppm) qui incite la transformation de l'illite en smectite par ouverture à un certain seuil D'hydratation (SCOTT ET SMITH, 1966). Par contre une concentration plus marquée de ce cation pouvait avoir un effet entraînant la réaction contraire (HALITIM, 1988).

Les illites agissent comme des précurseurs dans la transformation vers les smectites présentes dans le profil c3 (58.78 et 78.15 cps), comme une éventuelle preuve conséquente de cette transformation. En effet, LUCAS *ET AL.* (1965) expliquent ce processus par un remplacement des ions K^+, par des molécules d'eau suite à une hydrolyse qui continue vers le cœur du cristal. Ainsi les liaisons entre les feuilles se relâchent et l'édifice interstratifié de type (10–14Å) évolue progressivement vers la smectite par augmentation des espaces interfolières. Le pouvoir de fermeture des smectites de transformation issues des illites est plus élevé que celui des smectites originelles. Cela est du à la charge négative excédentaire en position tétraédrique apparentée aux illites qui augmente la cohésion entre les feuillets.

Cependant, une néoformation directe *in situ* à partir des éléments libérés par l'hydrolyse des silicates autochtones de la roche-mère où une néoformation diffuse à partir des cations apportés par migration oblique dans un milieu de drainage réduit, c'est a dire à partir de solution allochtone dans un contexte climatique actuel saharien (moyenne pluviométrique annuelle ≤ à100mm) ne permettent pas la néoformation ou de transformation à partir des illites et cela reste quasiment improbables. La présence simultanée en profondeur de la smectite à coté des illites dans les horizons souterraine révèle pour nous une origine détritique héritée des affleurements limitrophes désertiques et prédésertiques transportés par le vent ou par les mouvements fluviatiles très anciens.

La présence de la kaolinite dans les profils étudiés soit en surface soit en profondeur au coté de la smectite et de l'illite reflète un héritage dû à l'altération différentielle de la roche mère. Il ne s'agit pas d'une néoformation de la kaolinite car on ne peut pas atteindre le simple stade de transformation de l'illite à la montmorillonite (PAQUET, 1969).

3.3 Niveau 3

3.3.1 Les résultats et la synthèse morpho-analytique.

Ce niveau présente une topographie vallonnée et une pente comprise entre 5° à 10°. Sur sa partie superieure, la surface est recouverte de brêches et de graviers associes à des sables éoliens. Les sols sont généralement peu évolués à cause de la présence discontunue, à des profondeurs variables, de croûtes, d'encroûtements gypseux et d'éléments conglomériques (Photos III.10) ? Sur l'ensemble de ce niveau, les croûtes gypseuses affleurent en surface vers l'aval. Le pourcentage de gypse varie entre 25.6 et 72.2%.

Photos III.10 Etat de la surface du niveau 3 (Cliché, BOUMARAF, 2012)

CONRAD estime, en 1969, que ce type de formation est dû à une circulation d'eau sur les dépôts anciens du piedmont. Pendant les périodes régressives du climat, du Quaternaire. D'autres auteurs considèrent ces versants comme des terrasses reliques remaniées par une dynamique de versant avec des dépôts colluviaux anciens reposant sur un substratum imperméable marneux et gypseux. Ils tiennent leur évolution spatiale uniquement à la diminution des ruissellements et non de la précipitation des sulfates provoquée par la fluctuation d'une nappe chargée (PNUD, 1971)

Les dépôts lacustres du Pliocène supérieur-Quaternaire ancien (Mio-pliocène de certains auteurs (NESSON 1971)) sont constitués d'argiles plus ou moins gypseuses sans apports grossiers Les dépôts du Pléistocène moyen ne sont grossiers que sur la rive nord du chott Mérouane, preuve de l'apport accru par les oueds qui descendent de l'Atlas saharien et qui ne transportent plus aujourd'hui que des limons, alors que sur les rives sud et ouest ne s'observent que de rares plages sableuses. (BALLAIS, 2010).

A partir de ces données, nous pouvons dire que ces terrasses n'ont aucun rapport de genèse avec la période climatique actuelle ou récente si ce n'est leur érosion et leur démantèlement à partir du niveau 4. Les horizons situés en dessous de ces croûtes subissent une compaction consécutive à la pression mécanique exercée sur le matériel quartzeux par le gypse (LAJOUX, 1971 et Photo III.11).

La transition entre les horizons est diffuse. Le faible taux d'argile de la surface augmente vers la profondeur. Ce taux est disproportionnellement inversé avec celui du gypse. Il varie entre 5.2% en surface et 27.2% en profondeur. Le calcaire total est relativement faible sur l'ensemble des profils sauf dans le profil b3 aux profondeurs comprises entre 45cm et 110cm où il atteint un maximum de 21.8%

Le carbonate de calcium et le gypse des sols ne sont pas indépendants l'un de l'autre : lorsque le taux de carbonate de calcium diminue celui du gypse augmente. Selon BOYADGIEV, 1974 ET VIEILLEFON, 1976, le lien entre le calcaire et le gypse dépend de leur forme d'accumulation et du taux des sels solubles. : Plus leur structure est fine et poudreuse dans un milieu salé plus le rapport est significative Or ce n'est pas le cas ici, sauf dans le cas du profil b3 à l'horizon souterrain (45-110 cm) où le taux d'argile est de 27.2%.(tableau III.8).

Photo III.11 Cristaux de quartz agglutiné par le gypse (G) (X10) (Cliché BOUMARAF, 2012)

Les particules de gypse n'ont aucune charge négative et par conséquent on s'attend à ce que la capacité d'échange des sols gypseux diminue à mesure que la teneur en gypse augmente, surtout dans un sol pauvre en matière organique. la CEC varie entre 2.4 et 12.1 Cmol/Kg.(tableau III.8)

La conductivité électrique varie entre 7.9 et 12.2 dS/Cm ,elle est relativement plus importante dans les horizons présentant une croute, cependant sa variation verticale ne suggère pas l'éventuelle influence d'une nappe phréatique

Profils	Profondeur Cm	Argile %	PH H₂O	CEC Cmol/Kg	CE dS/m	Gypse %	CaCO₃ %	Sels solubles Ppm						
								Na⁺	K⁺	Ca⁺⁺	Mg⁺⁺	Cl⁻	So4⁻	Hco3
b1	0 - 40	5.5	7.8	2.6	8.1	57.41	1.6	41.2	3.41	22.11	7.92	52.3	24.81	2.6
	40 - 65	21.60	7.9	12.1	9.34	51.88	7.32	61.35	6.26	25.8	14.4	76.2	30.6	2.4
	65 - 120	12.4	8.1	4.8	10.7	71.15	8.1	72.32	8.7	32.54	18.62	86.2	33.4	3.6
b2	0 - 35	8	7.9	2.4	8.3	29.38	3.1	48.2	5.26	24	8.44	50.1	28.18	2.4
	35 - 90	15.7	7.9	4.2	7.9	77.2	9.9	41.76	5.38	23.09	8.87	44.6	26.74	3.2
	90 – 150	22.5	8.1	9.8	10.2	25.6	11.6	42.1	6.11	21.4	9.12	42.23	28.2	3.2
b3	2 - 45	5.1	7.9	2.2	10.1	69.6	0.86	58.22	8.15	30.4	9.45	75.45	33.16	3.4
	45 - 110	27.2	8.2	11.7	12.2	23.8	21.8	75.1	9.81	50.17	16.1	86.1	20.50	3.6

Tableau III.8 Les résultats des analyses physico-chimiques du niveau 3

☐ Horizons n'ayant pas subit un traitement aux rayons X

▨ Horizons ayant subit un traitement aux rayons X

3.3.2 Les résultats et la synthèse diffractométrique

L'examen diffractométrique effectuée sur les échantillons prélevés dans le niveau 3 révèle très nettement la prédominance du quartz (154.38 et 1336.96 cps) et du gypse (238.36 et 1045.02) sur l'ensemble des minéraux primaire et secondaire particulièrement dans sa partie supérieure. A coté du gypse, la proportion d'anhydrite reste relativement variable avec des valeurs qui oscillent entre 7.30 et 38.31cps. On constate son absence dans le profil b1 aux profondeurs comprises entre 65 et 120cm) (Tableau III.9).

La calcite est prédominante dans tous les échantillons, suivie par la dolomite qui a une forte présence dans le profil b2 (233.80 cps) et par l'apatite (entre 40.56 et 190.23 cps). Nous observons aussi l'anatase en profondeur.

Les minéraux fibreux sont représentés dans ce profil par la palygorscrite présente uniquement en profondeur dans le profil b1.L'illite et la kaolinite sont décelées sur l'ensemble des profils de ce niveau 3, à l'exception du profil b1 aux profondeurs comprises entre 40 et 65cm, où nous constatons l'absence de kaolin. Dans ce contexte climatique saharien, ces minéraux sont hérités. Une fois mis en place, ils peuvent subir des transformations par aggradation surtout pour l'illite vue la concentration ionique de la solution des sols, la présence simultanée de chlorite ou de smectite serait une conséquence de cette évolution.

Considéré comme une argile issue d'une néoformation l'attapulgite (PAQUET ,1969),sa présence dans les formations recente serait héritée d'un transport sous forme de poussières éoliennes. COUDE-GAUSSEN *et al.* (1985).Cependant la présence de l'attapulgite en profondeur et dans l'horizon encrouté et son absence en surface, suggère que cette croûte soit d'origine détritique et non pas de nappe surtout que sa positon dans ce niveau n'est pas constante.

La présence de l'anhydrite ($CaSO_4$) dans le cortège minéral au coté du gypse nous amène au même raisonnement. En effet, la formation de l'anhydrite est différente de celle du gypse car la température de dépôt de l'anhydrite (200°C) est plus élevée que celle du gypse. que l'on rencontre fréquemment dans les formations calcaires et dolomitiques (AUBERT,et al 1978).

Intensité (coups par seconde) des Principaux minéraux (fraction < 2µm)

Profils	Profondeur (cm)	Calcite	Dolomite	anhydrite	Gypse	Attapulgite	Kaolinite	Illite	Chlorite/Smectite	Quartz	Anatase	apatite
b1	0 - 40	105.79	142.68	19.23	340.59	-	40.44	244.29	-	449.27	-	40.56
	40 - 65	62.80	37.58	28.53	381.64	13.38	-	79.90	-	154.38	14.34	53.40
	65 - 120	183.19	19.19	-	502.20	5.15	9.98	57.55	19.23	1336.96	5.30	13.66
b2	35-90	136.86	233.80	7.30	1045.02	-	69.94	89.80	22.97	1239.79	12.27	190.23
b3	45- 110	145.43	10.04	38.31	238.36	-	14.74	83.30	-	298.86	-	152.94

Tableau III.9 Résultats des analyses diffractométriques du niveau 3

3.4. Niveau 4

3.4.1 Les résultats et la synthèse morpho-analytique.:

Tous les sols de ce niveau sont développés sur des formations sableuses et gypseuses du Mio-pliocène et du Quaternaire ancien. Ils sont morphologiquement très semblables les un aux autres, Cette similitude de matériaux d'âges différents est vraisemblablement liée au fait que les sédiments du Quaternaire ancien résultent de l'érosion des formations mio-pliocènes bien distinctes à leur base par des intercalations argilo-gypseuses qui s'étendent jusqu'au sud de la vallée de l'Oued Righ à El Goug (PNUD ,1971) Ces formations présentent en certains lieux une morphologie feuilletée des croûtes et des encroûtements gypseux (Photo III.12). Ceci reflète l'origine fluvio-lacustre de ces formations due au creusement des vallées à partir du villafranchien (PNUD, 1971).

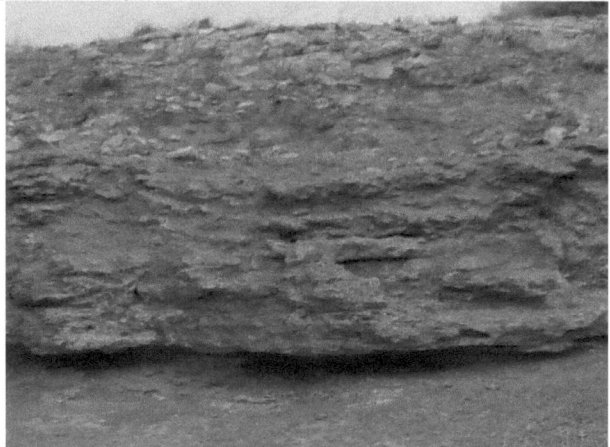

Photos 111.12 Morphologie feuilletés des croûtes et encroutements
(Cliché, BOUMARAF, 2012)

On constate que les valeurs de CaCO3 total croissent vers le bas des profils. Ceci indique la présence d'une continuité entre ces formations et leur support, Selon CONRAD, (1969) les croûtes zonaires caractérisées dans la région saharienne ne sont pas tout à fait indépendantes du substratum. Les éléments clastiques sont les mêmes dans les croûtes et les encroûtements de la roche sous-jacente. Il pense que le carbonates de ces croûtes provient de la dissolution des carbonates des formations calcaire par les eaux météoriques avec un apport éolien non négligeable qui est ensuite transporté par une eau bicarbonatée peu chargée en débris au cours d'une phase ultime de ruissellement

La conductivité électrique révélée dans ces profils a des valeurs moyennes à élevées. Le profil salin est du type hyperpédonique (tableau III.10). Ce type de profil salin peut nous suggérer comme dans le niveau est une conséquence de l'influence de la nappe phréatique. Cependant, la présence de croûtes change ce schéma de profil (comme c'est le cas du niveau 2). Nous pouvons dire que la conductivité électrique élevée des échantillons prélevés en surface de ce niveau proviendrait des apports éoliens. D'autant plus que ce niveau domine le chott Mérouane. En effet un tel saupoudrage éolien de gypse et d'autres sels en fonction du creusement a déjà été observé par BOULAINE (1954) sur la sebkha de Benziane dans le Sahara Algérien et par

COQUE (1961) dans le chott Djérid en Tunisie. C'est le mode perdessendum à partir d'un apport latéral. La capacité d'échange cationique est relativement faible, le taux d'argile atteint un maximum de valeur en profondeur 26.4%. Il est associé au gypse qui atteint la valeur maximale de 61.15% (45-95cm) dans le profil a3. A la base de ce profil des nodules de gypse prismatiques de tailles irrégulières sont associés aux marnes. La présence de ces nodules évoque une circulation des solutions effectuée au travers d'une structure particulaire et suivant une action intermittente et répétée d'une hydromorphie transitoire (FOURNET, 1969).

Cependant cette croute gypseuse enrobe quasiment tous le niveau 4, parfois elle est disloquée en certains endroits., fragmentée et remodelé au cours des paléoclimats Selon le PNUD,(1971) cette formation peut être apparenté au villafranchien. Toute fois il est à souligner que les horizons gypseuse sont développent même sur les dunes là ou il n'y a pas de nappe ou d'écoulement en nappe (MATHIEU ET TOREZ, 1976) par suite d'un apport latérale causé par le vent. Actuellement toutes ces formations affleurent dans ce niveau sont recouverte du sable fin d'apport éolien et sur le piedmont et le talus de cette formation.

Profils	Profondeur Cm	Argile %	PH H$_2$O	CEC Cmol/Kg	CE dS/m	Gypse %	CaCo$_3$ %	Sels solubles Ppm						
								Na$^+$	K$^+$	Ca^{++}	Mg^{++}	Cl$^-$	So4$^-$	Hco3$^-$
a1	2 - 45	6.8	8	2.4	10.2	35.5	35.5	80.7	6.95	37.6	17.4	90.1	40.4	2.2
	45 – 90	21.4	7.9	4.1	6.3	58.3	58.3	30.91	4.1	10.7	5.2	31.11	19.9	2.8
a2	2 - 55	8.1	7.9	2.8	11.81	28.36	28.36	60.09	3.1	28.4	18.6	75.4	31.5	3.1
	55 - 110	19.3	7.9	3.8	8.1	56.8	56.8	38.34	4.85	21.83	8.58	42.3	23.2	2.8
a3	2 - 45	7.82	8	3.2	11.1	35.22	22.2	88.6	8.25	32.6	17.5	108.8	30.8	2.6
	45 - 95	12.8	7.9	6.4	8.58	61.15	35.22	47.8	5.1	16.6	8.4	98.2	24.1	2.8
	95 - 155	26.4	7.8	7.1	6.52	24.8	51.2	41.11	5.44	32.18	4.6	28.6	25.1	2.6

Tableau III.10 Les résultats des analyses physico-chimiques du niveau 4

☐ Horizons n'ayant pas subit un traitement aux rayons X

▨ Horizons ayant subit un traitement aux rayons

3.4.2 Les résultats et la synthèse diffractométrique

A partir des résultats diffractométriques on peut observer la prédominance du gypse et du quartz dans le cortège minéralogique. Ceci se traduit par des pourcentages de gypse qui oscillent entre 28.6% et 60.27%. Ces résultats font apparaitre des valeurs constantes du taux de gypse dans l'horizon de surface sur les trois profils (entre (300.67cps et 391.69 cps). Dans le profil a1, le taux de gypse décroit, en profondeur, au niveau des marnes vertes où il prend la valeur de 24.8% (132.43 cps). NESSON (1975) a constaté, sur des formations résiduelles du niveau 1,.la présence d'argiles vertes gypseuses recouvertes par une croûte gypseuse dans la région de Djamaa à 30Km plus au sud La présence du gypse en surface des deux formations fait suite à une précipitation per descendume exclusivement d'apport éolien (BOULAINE, 1956 COQUE, 1962). Dans la famille des carbonates, la calcite et la dolomite sont relativement stable dans les horizon de surface par contre en profondeur la calcite se distingue par la valeur de 155.87 cps(profil a3 horizon :45-95cm) contrairement à la dolomite (13.84 cps tableau III.11). Selon DURAND, (1963), CONRAD, (1969) la présence de ces minéraux dans les croûtes et encroûtement post villafranchien est un héritage à partir des formations plus anciennes localisées en dessous. Toutefois il ne faut pas négliger l'éventualité d'un apport latéral par le vent ou d'apports alluviaux (BALLAIS ,2010) qui est responsable des dépôts mio-pliocène dans cette région.

D'autant plus que RUELLAN, 1976, estime que ces précipitations calcaireuses sur des matériaux non calcaires ne sont fréquentes que lorsque le climat est plus aride. Et avec l'épanouissement d'encroûtements feuilletés sur les versants, elles sont pênecontemporaines de la sédimentation conséquence d'un remaniement de l'amont par un ruissellement de surface après une phase de dessèchement (WILLBERT, 1961).

Selon NAHON et al 1976 la dégradation de la dolomite se ferait par suite d'une calcïtisation par remplacement avec le Ca^{++} après une dissolution occasionnée sur ses bordures, opérée dans un contexte climatique différent à celui-ci. L'attapulgite est présente dans la quasi totalité échantillons analysées sauf dans l'horizon (45 - 155cm) du profile a3. Selon CAILLER ET HENIN, (1963) on retrouve l'Attapulgite dans les formations récentes riches en cation.

Sa localisation dans les formations anciennes (post villafranchiens) est due au milieu confiné stable (pH légèrement alcalin) existant dans cette partie du profil favorable à sa néogénèse produite au cours du dernier acte de la genèse des croûtes zonnaires juste après l'écoulement concentriques qui a engendrée la dissection structurale émergente. L'attapulgite apparaît comme un minéral né au cours de la sédimentation chimique basique en envahissant le paysage et en y concentrant des solutions riches en cations dont certain vont conduire à la formation de cette argile et régénère d'autres argiles dégradées (MATHIEU ET THOREZ, 1975). Plusieurs auteurs PAQUET (1969), DEKKICH (1974), HALITIM (1988) lient sa présence à une néoformation dans un milieu riche en Mg^{++} et Si^{++}

Intensité (coups par seconde) des Principaux minéraux (fraction < 2μm)

Profils	Profondeur (cm)	Calcite	Dolomite	Anhydrite	Gypse	Attapulgite	Kaolinite	Illite	Chlorite / Smectite	Smectite	Quartz	Feldspath	Appatite	Hématite	Anatase
a1	45 -90	61.96	86.00	26.30	391.69	76.70	-	88.08	-	-	475.07	-	2.59	26.69	66.74
a2	55 – 110	61.73	68.06	-	329.09	16.45	25.59	86.86	-	-	106.21	-	29.82	14.69	12.29
	2 -45	117.59	45.60	21.79	300.16	4.64	15.86	7.25	6.88	15.86	249.30	-	20.12	126.06	27.08
a3	45 - 95	155.87	13.84	53.87	298.86	52.94	-	80.08	-	159.22	103.59	22.23	-	26.75	13.62
	95 - 155	11.39	21.35	17.17	132.34	-	83.51	192.35	-	274.21	1463.66	-	-	19.23	6.68

Tableau III.11 Résultats des analyses diffractométriques du niveau 4

La présence des Illite dans ce niveau serait due vraisemblablement à un héritage Ce minérale se manifeste habituellement dans les alluviaux des grès micacés et les sables (AUBERT ET AL, 1978). Cependant l'intensité de ce minéral est plus forte en profondeur (profile a3). Selon PAQUET (1969) la variation de la teneur de l'illite au sein d'un profile peut être une conséquence de sa transformation en édifices gonflants tels la montmorillonite. Ce mécanisme ne peut avoir lieu vue les conditions climatiques qui règnent dans la région d'étude où il nécessiterait une hydrolyse et un lessivage progressif des ions (HALITIM, 1988) ,d'autant plus que nous n' avons pas décelé la présence de la montmorillonite.

WILBERT, (1965) pense que dans la mesure où le matériau originel ne contient pas de montmorillonite, les minéraux argileux du type 2-1-1 comme la chlorite évoluent par transformation (dégradation) dans le sens de la montmorillonite, ceci, reste fort improbable car nécessiterait l'existence d'un stade intermédiaire dans le cortège minéralogique, celui de la présence d'instratifications chlorite-Smectite (PAQUET, 1969) et la quasi absence de ces instratifications dans les diffractogrammes confirme qu'il n'ya pas eu d'évolution géochimique.

4. CONCLUSION

Recouverte par un voile de sable éolien, la texture générale des sols étudiés est quasi uniforme en surface (exception faite pour la frange du chott). Par contre pour les horizons sub-surface deviennent plus fine vers le bas de la séquence, et la transition entre les horizons plus nette. La solution du sols et quasi dominé par le sodium et offre un pH légèrement alcalin à alcalin.

Les profiles salins varient d'un niveau à l'autre et parfois dans un même niveau (cas du niveau 2), elle est orienté avec un maximum de salinité vers le haut du profile comme c'est le cas du niveau 1 et 4, et pour le niveau 3 ,la conductivité électrique est plus importante que dans les horizons sub-surface. Cette variation indique pour nous que la salinité est ascendante sous l'effet de l'aspiration climatique à partir de la nappe phréatique ou suite à une accumulation en surface de grains de sels éolisable à partir des grands chotts. L'effet de la nappe phréatique chargée en sels est surtout manifesté dans les niveaux 1 et 2 par des diverses formes d'accumulations gypseuses, par contre pour les niveaux 3 et 4 elles sont exclusivement d'origine éolienne. Dans le niveau 2, le profil salin offre certaines variations constatés : ascendant cas du profile c3, et descendant le cas des profils c1 et c2. Malgré la proximité de la nappe, cette variation est due à la présence d'une croute gypseuse qui entrave la remonté des sels vers la surface.

Les résultats des analyses minéralogiques montrent que les minéraux identifiés sont issus d'un héritage .Cependant on doit faire une distinction entre l'amont et l'aval de la vallée de l'oued Righ En amont, le contexte climatique saharien actuel avec un déficit pluviométrique important, n'offre pas les conditions favorables à l'éventuelle réorganisation des minéraux silicatés initialement dégradés. Seul le vent est l'agent de mobilisation des particules capable de créer une distribution spatiale des minéraux secondaires au-delà des limites du bas Sahara. Par ailleurs, en aval, les fluctuations saisonnières du niveau de la nappe phréatique permettent aux minéraux silicatés de trouver des milieux riches en ions basiques qui offrent des conditions de conservation voire même de transformation par aggradation de leurs réseaux cristallins (cas des illites et des chlorites). Reste toutefois que le gypse identifié sur tous les niveaux détruit lors de sa précipitation certains minéraux par la force de pression qu'il exerce. HALITIM (1988) a montré que le gypse envahit ,détruit et bloque l'évolution des accumulations calcaires car la pression de cristallisation du gypse (1100 km/cm^2) détruit les agrégats carbonatés. ROBERT ET AL. 1987, font le même constat pour le quartz et d'autres minéraux secondaires.

Une autre observation que nous avons retenus, est que le cortège minéralogique des croute et encroutements dans les niveaux 1 et 2 (exceptée l'attapulgite) sont relativement le même pour les horizons situés en dessous. Ce qui suggère que cette consolidation est postérieure à la formation de ces glacis .

CHAPITRE IV

SYNTHESES GENERALES

1. GENERALITES

On appelle oued Righ la dépression qui, sur 125 km, s'étend entre El Goug et Blidet Amor au sud et Ourir et Oum Thyour au nord dans laquelle se situent les plus importantes palmeraies du Sahara nord-oriental. Au point de vue géographique l'oued Righ correspond à la basse vallée du paléo-oued Igharghar qui, au Quaternaire, descendait du Hoggar et allait se jeter dans la cuvette des chotts sud-aurasiens .Quoique faible, l'inclinaison générale de la vallée de l'oued Righ n'est pas nulle puisque son altitude passe de la cote 90m à el Goug à la côte -26 au chott Mérouane soit une pente de l'ordre de 1%.

Sur le plan géologique, la coupe transversale (Fig. IV.1) fait apparaître, à la partie supérieure des affleurements miopliocènes constitués de marnes gypsifères et dépôts calcaires, des formations du Quaternaire ancien défini par une croûte gypso-calcaire recouverte de formations dunaires (Erg) Ces formations constitue le niveau 4 d'aspect tabulaire, ils se présentent à l'ouest de la vallée et au nord ou ils culminent les bordures de chott Mérouane et Mélghir. Elles sont recouverte d'un voile sableux .A leur base on distingue des lentilles d'argile salifère (CORNET, 1961).

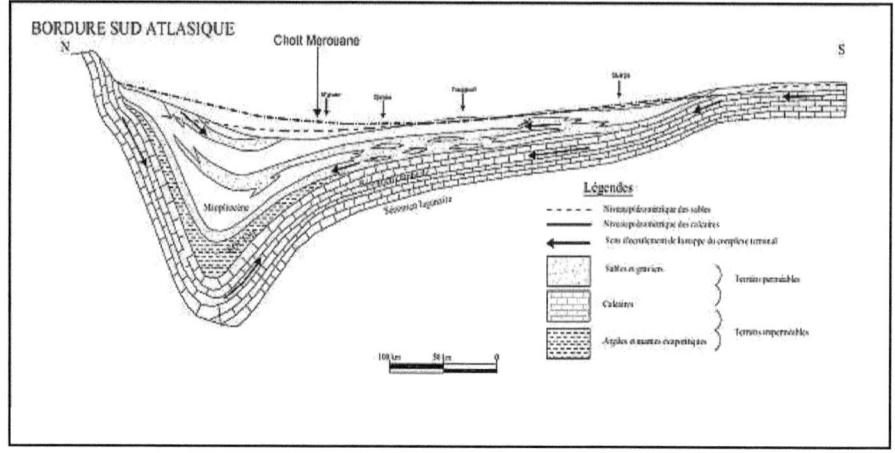

Figure IV.1 – La coupe géologique de la vallée de oued Righ (Cornet 1961)

2 - LA REPARTITION SPATIALES DES FACTEURS MORPHO-PEDOGENETIQUES

A partir des éléments recueillies à travers les études géomorphologiques et pédologiques, les traits génétique caractéristiques des sols dans notre zone d'étude sont répartis sur deux territoires distincts. Le premier n'est pas soumis à l'influence actuelle de la nappe phréatique Le second, situé au contrebas du premier vers la sebkha est au contraire sous l'influence continuelle de cette nappe et des accumulations salines qu'elle engendre cette nappe (Fig. IV-5)

2.1 - LES NIVEAUX 3 ET 4.

Le niveau 4 est un immense glacis essentiellement développé dans la partie septentrionale de la vallée où il culmine de 5 à 10m d'altitude. Sur ces bordures, il est souvent fortement érodé et découpé en buttes isolées. Il est constitué par des formations marno-gypseuses d'origine fluvio-lacustre et d'âge miopliocène. Une épaisse croûte gypseuse donnée comme villafranchienne par les auteurs anciens (PNUD, 1971) est en majeure parti recouverte par des dépôts sableux actuels.

A la bordure du niveau 4 les versants se démarquent par une pente du terrain généralement forte (3 à 7 %) et des traces d'érosion qui ont conduit au décapage du matériau Miopliocène. Sur la surface du niveau 3, quelques épandages cailouteux recouvrent soit la croûte gypseuse villafranchienne soit une forte épaisseur de sableux-limoneuses à nodules gypseuse. C'est un glacis d'érosion sur lesquels la roche est presque à nu, ou recouverte de débris qui sont moins rapidement déblayés. Cette faible dynamique est due au contexte climatique actuel. L'érosion conduit au décapage du matériau du substratum d'âge miopliocène. La rupture de pente situé entre les niveaux 4 et 3 présente un affleurement de roches gypseuses. Cette roche est fissurée, des blocs s'en détachent. Certains d'entre eux se trouvent au pied de l'escarpement. Des dépôts cailouteuses, sont recouvertes entièrement ou en partie d'une croûte gypseuse plus ou moins épaisse. Sous la croûte, un horizon est entièrement constitué de gypse pulvérulent. On remarque aussi dans la masse pulvérulente des restes de la roche originelle. La même constatation est observée pour les autres profils du piedmont. On peut remarquer également des blocs durs intacts, également recouverte par des éléments clastiques.

Les sols des glacis 3 et 4 sont peu profonds avec des couvertures conglomératiques et diversement grossières sur les versants de raccordement Ils présentent des contraintes édaphiques contrariante à leur mise en valeur suite à la présence d'une croute gypseuse presque continue en surface ou en profondeur sur les niveaux 3 et 4. Sur le plan chimique, ils présentent des profils salins hyperépidoniques suite aux particules éolisables transportés et déposés à partir des grands chotts. (Fig.V.1,)

Les résultats des analyses minéralogiques faites sur des échantillons prélevés sur ces niveaux ont révélé la présence de minéraux secondaires sur les deux glacis avec une certaine variance pour l'attapulgite présente seulement dans des profils situés à leurs bordures. Cette correspondance entre les cortèges des deux niveaux appuie l'idée de l'origine détritique des minéraux argileux du niveau 3. Cependant il est a souligné que les examens diffractométriques n'ont pas été réalisés avec les test complémentaires sur l'ensemble des prélèvements. Comme c'est le cas pour différencier la chlorite de la smectites sur les diffractogrammes.

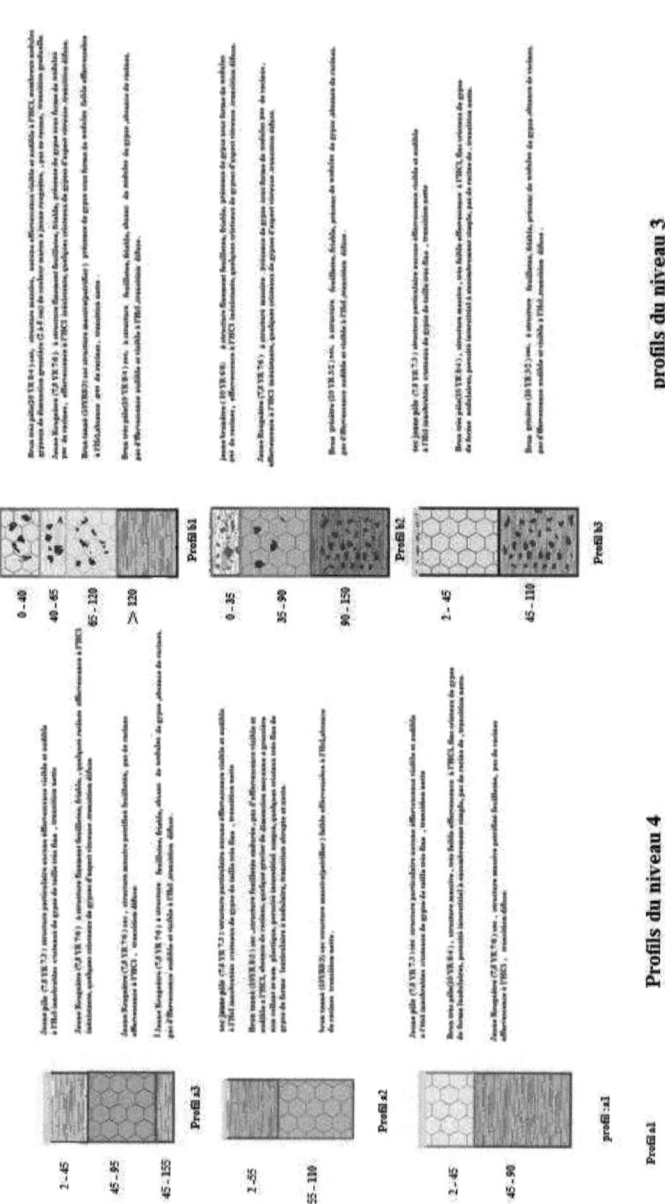

Figure IV.2 - Description morphologique des profils des niveaux 3 et 4

2.2 - LES NIVEAUX 2 ET 1

Ces niveaux se présentent sous forme de glacis emboités, séparés par une faible pente. La surface de ces glacis est envahie par les nebkas, particulièrement sur le niveau 1 où le niveau piézométrique de la nappe phréatique est très proche de la surface topographique.

Du point de vue géologique, ces niveaux représentent des glacis d'accumulations du Quaternaire qui résultent de l'érosion continentale des dépôts Mio-pliocène Leur composition texturale est sablo-gypseuses au départ (niveau 2) et qui devient plus fine en aval vers le niveau 1. Le niveau 2 occupe une superficie plus importante. On distinguent plus de traces de ravinements, avec un fond comblé par des sables grossiers comportant une proportion élevée de gravillons.

Les sols de ces niveaux sont moyennement alcalins à alcalins, la salinité attient son paroxysme dans le niveau 1 Le profil salin est constamment du type ascendant pour le niveau 1 (figure°1,annexe) avec un gradient de salinité orienté vers la surface et variable pour le niveau 2 à cause de la présence de la croute gypseuse (figure IV.3).D'autres formes d'accumulations gypseuses se distinguent dans le niveaux 2 micro et macroscopiques (poudreuse, lenticulaire, aciculaires, roses de sables..). Le calcaire total reste significativement faible sur les deux niveaux ainsi que la capacité d'échange cationique

Sur le plan minéralogique le gypse et le quartz restent les minéraux les plus observés dans les cortèges minéralogiques des glacis des niveaux 2 et 1. Cependant, nous constatons que le gypse est mieux représentés dans les horizons profonds que dans ceux de surface du niveau 1. Cela est dû à la concentration ionique élevée qui favorise sa solubilisation. La dolomie et la calcite ont une manifestation constante sur les deux niveaux ainsi que l'anhydrite. Les minéraux secondaires(kaolinite, illite, smectite et attapulgite présentent quelques variantes entre les niveaux 1 et 2. C'est notamment le cas de l'attapulgite qui est absente dans l'horizon de surface du niveau 1 et dans l'horizon pétrogypsique du niveau 2. La quasi absence de la smectite dans le niveaux.1 (présente uniquement dans le profile c3) La chlorite dans le niveau 2 présente des pics plus intense au profil c2 et c3 à cause de la concentration ionique élevée. (Dans certain cas nous manquons de données analytiques complémentaires pour distinguée la chlorite de la smectite pour le niveau 1). Les illites sont présentes sur tous les diffractogrammes de ces niveaux.

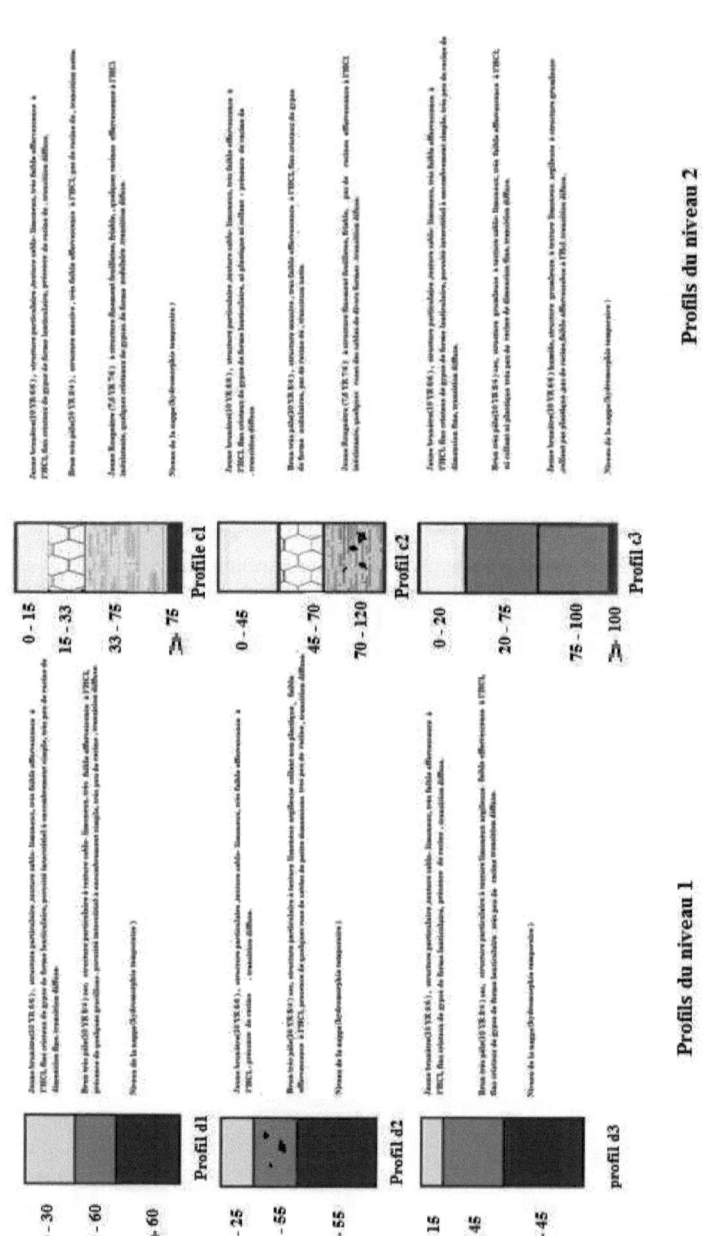

Figure IV-3 - Description des profiles du niveau 1 et 2

3. LE GYPSE DANS LA VALLEE D'OUED RIGH

Dans la vallée de l'oued Righ, l'origine du gypse est due essentiellement à l'influence de la nappe sub-affleurante trop chargée en sels solubles et à l'intensité de l'évaporation qui peut attendre dans la région de chott Mérouane 2712.64mm/an.(MRABET: 2011) Un autre facteur non négligeable est aussi responsable de cette distribution, c'est le vent, caractéristique climatique actuelle des régions sahariennes (BOULAINE 1954, COQUE 1962, BELKHODJA 1971, BEN NADJI, 1996). Afin de mieux approché ces mécanismes nous avons adopté la méthode de BAGNOLD (1954) qui consiste à doser le gypse et accessoirement le calcaire total à la fois sur la fraction granulométrique grossière (classe supérieure à 50 µm, qui correspond à celle des sables fins et grossiers) et fine (classe inférieure à 50 µm qui correspond à celles des argiles, des limons fin et des limon grossiers (BAIZE,2000)) des échantillons prélevés. Le taux du gypse analysé à la fois sur les fractions fines et grossières des sols étudiés donne une idée plus pertinente de l'origine de sa formation dans ces régions. Pour mieux analyser ces résultats et faire une approche assez précise sur l'ensemble des profils, nous avons choisi de traiter des horizons ne présentant pas une induration quelconque dans leur structure, car cela offre une difficulté considérable de faire ressortir fidèlement un fractionnement granulométrique de particules liées par un ciment gypseux ou calcaire (Riviere 1959). Ainsi les échantillons analysés proviennent presque tous des niveaux 1 et 2. Le seul échantillon du niveau 3 (horizon de surface (0-35cm) du profil b2) offre une structure qui n'est pas consolidée.Le nombre de prélèvements concernés par cette série d'analyses, est de quatorze : six proviennent du niveau 1,sept du niveau 2 et un du niveau 3 (Fig. IV.2 et IV.4).

3.1- RESULTATS DU FRACTIONNEMENT GRANULOMETRIQUES DU GYPSE

Les résultats obtenus démontrent que la texture générale des profils traités est quasiment grossières en surface et relativement équilibrée en profondeur (cas des profils d3 du niveau 1, et c2 et c3 du niveau 4). Les résultats nous démontrent aussi que les taux du gypse oscillent entre 65.6 % et 24.8% dans la fraction fine et 64.3% et 23.5 % dans la fraction grossière, elles sont quasiment plus importantes en profondeur qu'en surface pour les niveaux 1 et 2 (excepté le profil c1 où on constate le contraire).

Le taux du gypse est plus important dans la fraction grossière en profondeur que dans la fraction fine excepté pour les profils d3 du niveau 1 et b2 du niveau 3 dont on a analysé qu'un seul horizon. Par contre en surface les résultats démontrent que le taux du gypse est plus important dans la fraction des argiles que dans celles des sables (seule exception pour le profil d1 du niveau 1)

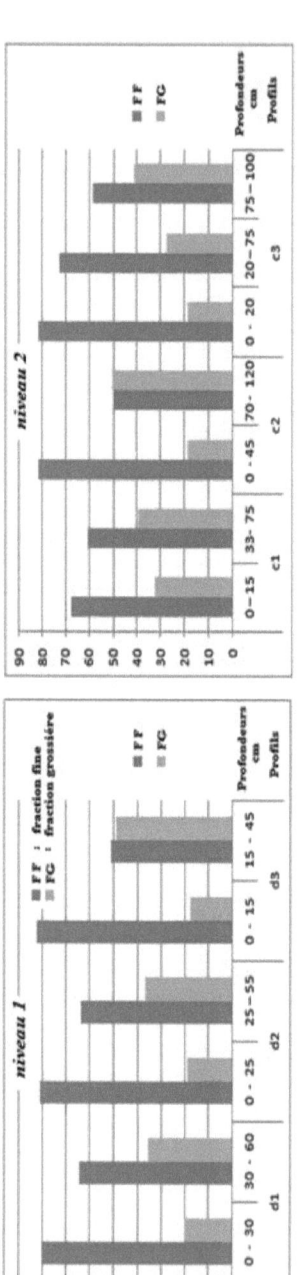

Figure IV.4 fractionnement granulométrique des échantillons du niveau 1 et 2

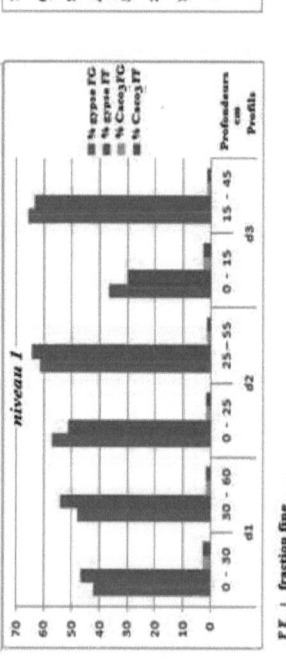

Figure IV.5 : taux du gypse et de calcaire totale dans la fraction fine et grossière issue des échantillons du niveaux 1 et 2

Les niveaux 1 et 2 sont soumis en grande partie à l'accumulation progressive des sulfates dans le matériau colluvionnaire. Cette précipitation est issue des mouvements ascensionnels de solutions salines à partir de la nappe phréatique très proche de la surface (de 1.2m à 0.5 m).

Cette nappe est alimentée par les pluies, les crues, les écoulements diffus, les eaux de drainage et aussi très souvent par les remontées naturelles en provenance des aquifères plus profonds, ou encore par les fuites dans les ouvrages exploitant ces dernières (DUBOSTE,2002)

Celui de l'horizon de surface du profil situé au niveau 3 (b2) (tableau n°1 de l'annexe) la dominance de gypse dans la fraction des sables, laisse suggérer en absence d'une nappe actuelle sub-affleurante (le cas des niveau 3 et 4) à une origine éolienne du gypse.

Les niveaux 3 et 4 sont recouverts par des sables fins (entre 50 à 200µm). Les observations de BOULAINE (1954) ET COQUE (1962) confirment que le vent est responsable de la forme et de la mise en place du gypse à partir des formations salifères comme les dépressions fermées .En effet la déflation éolienne sur une surface contenant du gypse pulvérulent et son dépôt fait apparaître de nombreuses accumulations gypseuses dans le Sahara dans des endroits ou la nappe est inexistante (POUGET, 1968 ; TOREZ *ET AL*, 1975).

Les résultats démontrent que c'est dans les horizons de surface des niveaux 1 et 2, qu'il existe, dans la fraction fine, un taux important de gypse à l'inverse des horizons de profondeur. Ceci se manifeste, sur le plan géomorphologique, par un dépôt de gypse polymorphes de surface déjà décrit par DURAND EN 1954 et par ROEDER *ET AL.,* en 1960 dans ces régions, et par WATSON (1985) dans le désert Tunisien,

TIMPSON ET AL (1986) démontre que la précipitation du gypse n'est pas générée par le type de texture, mais surtout par un processus qui se déclenche dés que le produit $[So4^{--}]$ $[Ca^{++}]$ de la solution dépasse la valeur du produit de solubilité. Elle est corrélativement liée au taux des chlorures de sodium, et à la force ionique (la tension osmotique) de la solution. Cependant, la constatation morphologique de gypse de taille plus grande sous la forme lenticulaire dans l'horizon souterrain a été générée par la faible conductivité électrique par rapport à celle mesurée en surface .Cette précipitation et aussi favorisé par des cristaux de gypse préexistants (d'origine éolienne) qui offrent des sites de croissance sur leur surface

Cependant c'est au cours de ce transport éolien que les cristaux de gypse subissent une évolution dans leur réseau cristallins et passent de la forme pulvérulente a une forme plus grossière (aciculaire, lenticulaire) Les résultats morphoscopique démontrent une forme de gypse plus évoluée sur le plan dimensionnel dans les sables de surface sur tous les niveaux (photo :III.4) , Ces observations ne s'accord pas à la large prépondérance du déplacement sous la forme de suspension attribuée selon (BAGNOLD 1954) à une classe granulométrique plus fine (< à 50µ sauf en cas de turbulence exceptionnelle) .Pour ceci le mode de transport restant est la saltation où le déplacement des particules se fait par sauts successifs.

L'accroissement de la taille des cristaux de gypse, est la conséquence de la rétention sur leur surfaces de cristaux de sels hygroscopiques par la condensation de la vapeur d'eau, issue du couvert végétal qui est particulièrement très dense sur le niveau 1.D'une part, ce couvert végétale peut soustraire, le gypse à l'action éolienne comme on peut le constater sur les bordures de l'erg, et, d'autre part, favorise une humidification superficielle du sable qui provoque une dissolution partielle des sels puis leur recristallisation lors de la remontée des solutions salines sous l'effet de l'évaporation et de l'activité radiculaire des plantes. Cependant ces plantes halophytes ne réduisent pas assez la valeur de la conductivité électrique de l'épipédon pour une précipitation optimale du gypse. Par contre, au niveau de la rhizosphère on constate la néoformation des cristaux de gypse notamment lorsque la fraction granulométrique est grossière.

Les valeurs très faibles du calcaire total obtenues sont dues à la désintégration mécanique provoquée par la pression de cristallisation du gypse démontré par ROBERT ET AL, 1987.Une corrélation positive existe entre la présence du gypse sous la forme poudreuse, et le taux des carbonates de calcium par BOYADGIEV, (1974). Par contre, lorsque le gypse de la taille des sables, ou les carbonates de calcium se présentent sous la forme de nodules ou en croûte dans un milieu salé cette relation est insignifiante (LATRECH, 1998) Cette corrélation serait même négative dans plusieurs type de sols à croûte gypseuse de Tunisie (VIELLEFON, 1976).

4. LES RELATIONS SPATIO-TEMPORELLES ENTRE LES DIVERSES FORMATIONS

La reconstitution temporelle des niveaux étudiés est directement liée à l'histoire géologique régionale, marquée par un substratum sédimentaire hérité des transgressions marines du Secondaire et du Tertiaire, et qui aurait connu vers la fin de l'Oligocène une phase d'orogenèse extrêmement active qui a entraîné la surrection de l'Atlas Saharien. A la fin du Tertiaire, une phase d'érosion aboutit au façonnement des formes jurassiques et au comblement des dépressions par des dépôts continentaux. Vers la fin du Miocène, la sédimentation se poursuit et un manteau continental d'origine détritique recouvre le plateau saharien. Ce dépôt, composé d'argiles, de sables, de graviers et de marnes, est recouvert par le Pliocène et n'affleure généralement pas dans la dépression des chotts. Il affleure seulement sur les berges et les terrasses de l'oued Itel (niveau 4).On le retrouve aussi sur les versants (niveau 3) raccordant la surface miopliocène aux terrains quaternaires du chott. Il existe quelques exemples intéressants à El Baâdj et Oum El Tiour.

Différents dépôts surmontés par une croûte et encroutements gypso-calcaire caractérisent le Pliocène. Cette croûte, caractérise l'immense Hamada située dans la partie occidentale des chotts Mélghir et Mérouane, s'interrompt brusquement dans sa partie occidentale au niveau 4 du plateau de Stil. Formée d'une pâte calcaro-gypseuse englobant souvent dans sa masse des poudingues, des sables et son épaisseur variables pouvant atteindre 1 à 2 m en certains endroits. Elle repose sur les sables argileuses rouges du Tertiaire (CORNET, 1951 ET 1952; GOUSKOV, 1964). La cimentation dépend donc de l'infiltration des eaux pluviales dans le recouvrement éolien au fur et à mesure de son accroissement. Elle provoque une dissolution partielle des sels, dont les précipitations et les recristallisations lors de la remontée des solutions salines qui reste une conséquence de l' évaporation très marquée (DURAND, 1949).

Cependant, dans certains secteurs du niveau 4, l'indépendance des croûtes gypseuses à l'égard de leur support et l'absence d'une nappe prouvent que le gypse provient pour l'essentiel d'apports latéraux, L'ampleur de l'espace intéressé suppose un agent de transport dont l'activité ne dépend pas de la topographie. Seul le vent satisfait à cette exigence (RIVIERE, 1959, COQUE, 1962). Dans le Sahara, les croûtes naissent de la transformation des accumulations éoliennes en une masse assez consistante à structure micro cristalline par l'activité des mécanismes de cimentation qui exige la présence d'eau indispensable aux phénomènes de dissolution et de recristallisation. Cependant on ne saurait accorder un rôle décisif à l'eau souterraine sous la forme de remontée *per ascensum* comme c'est le cas sur les niveaux

1 et 2. Les carapaces gypseuses sont aussi fréquentes et épaisses en des points où la topographie et la géologie rendent invraisemblable l'existence d'une nappe phréatique. Dans ces conditions, la participation des pluies apparaît prépondérante et parfois exclusive.

Au Villafranchien, il existait un ensemble homogène, constitué des vastes plaines, qui furent le siège des processus morphogénétiques qui, au Quaternaire, provoquèrent des séquences d'érosion (POUGET, 1980). D'après BALLAIS *ET AL* (1970) les ruissellements de l'oued Itel sur le plateau de Stil ont alterné avec deux périodes arides séparés par une période pluviale datées de 6320 ± 120 ans et 4830 ± 120 ans BP. Pendant cette période pluviale, les bordures du niveau 4 (plateau de Stil) ont été tronquées et aboutit à l'individualisation du niveau 3. Les observations que nous avons retenues sur les espaces concernés laissent apparaitre en certains endroits des buttes témoins, et une superficie limitée par rapport aux autres niveaux. Des processus pédogénétiques ce sont déclenchés, sur les niveaux 1 et 2, vers la fin de cette dernière période sous l'influence de la nappe. Les résultats diffractométriques ont révélé que les cortèges minéralogiques sont essentiellement constitués de minéraux hérités de périodes où existaient des conditions pédoclimatiques plus humides que celles d'aujourd'hui. La présence de minéraux tels que la kaolinite ou les smectites, dans les croûtes et les encroûtements gypseux permet de déduire que ces formations seraient récentes En effet, ce serait l'oscillation du niveau statique de la nappe phréatique des niveaux 1 et 2, riche en sulfates qui aurait favorisé la formation de ces accumulations. Il s'agit d'un domaine de gypsomorphie déjà décrit dans la région des Ziban, 80 Km au nord est de la vallée de l'oued Righ. (BELGAMAZE ,1992)Les résultats des analyses diffractométriques montrant de forts pics d'illite, chlorite et du gypse témoignent d'une évolution avancée dans un milieu confiné riche en ions basiques qui a favorisé cette transformation.

La genèse des croûtes et des encroûtements gypseux se situe dans le cadre d'un mouvement du climat. La remontée des solutions salines et leur dépôt témoignent de l'existence d'un climat à saison chaude et sèche avec une évaporation climatique et une évapotranspiration marquées qui provoquent une circulation ascendante. Ajouté par la suite, l'arrêt des apports alluviaux traduisant cette contraction en faveur d'une aridification relatif du climat.

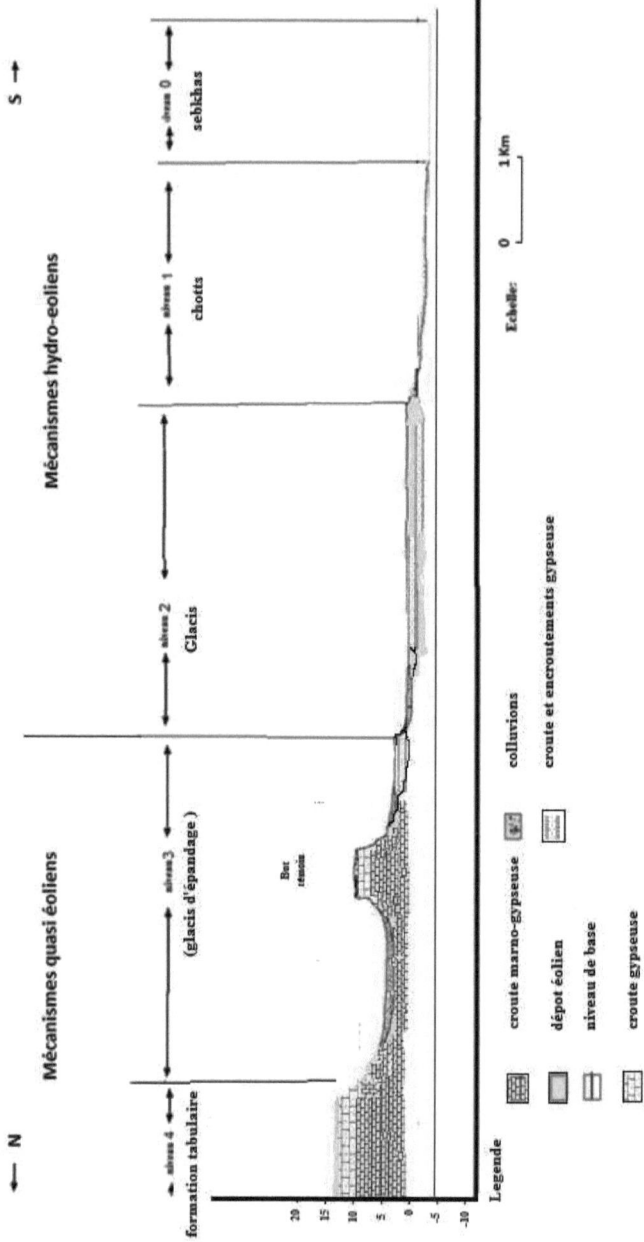

Figure IV-6 : Répartition spatiale des principaux mécanismes pédogénétiques dans la vallée de l'oued Righ.

5. MISE EN VALEUR ET PERSPECTIVES

La mise en valeur traditionnelle des sols salés dans les régions sahariennes, déjà fort ancienne s'est intensifiée depuis environ un demi-siècle. Elle a reposé en grande partie sur le rabattement de la nappe

La mise en valeurs des sols dans la vallée de l'oued Righ repose actuellement par le recours aux travaux hydrotechniques d'irrigation et de drainage des eaux salés par le système de collecteurs profonds et de drains enterrés. Selon HACHICHA, en 2007 le drainage de ces sols s'est révélé relativement facile, à condition d'associer le travail du sol au fractionnement des apports d'eau et de procéder à un lessivage des sels en hiver. Par ailleurs, grâce à l'importante teneur du sol en calcium soluble issue du gypse, le taux de sodium échangeable a été ramené en dessous du seuil critique de 15%. Cette expérimentation a donc permis une désalinisation et une désalcalisation des sols. La récupération de sols fortement affectés par le sel grâce à l'irrigation et au drainage a été rendue possible du fait de la composition chimique de l'eau d'irrigation, du faciès des solutions du sol qui évoluait dans la voie saline neutre, et de la teneur importante des solutions en calcium soluble.

En effet depuis les deux dernières décennies l'agence nationale de réalisation et de gestion des infrastructures hydrauliques pour l'irrigation (AGID) a réalisé des travaux hydrauliques sur l'ensemble de la vallée de l'oued Righ afin de ramené la concentration ionique des eaux d'irrigations à des taux acceptables en mélangeant les eaux de la nappe du continentale intercalaire (2.5 à 3 g/l) et la nappe du complexe terminal (5 et 8 g/l).

La culture phœnicicole reste le plus envisageable surtout dans les niveaux 2 et 1 où la structure imperméable offre une proximité idéale ou inexistante (le cas du niveau 1). L'influence de la nappe superficielle peut être atténuée par ces techniques. Cependant dans certains endroits du niveau 2 le défonçage de la croûte gypseuse pour la plantation devient inévitable. Ce procédé fréquemment utilisé dans la région des Ziban et de la vallée de l'oued Righ reste très couteux. Il multiplie en moyenne par quatre le prix d'une plantation par rapport à une sans défonçage.(ANONYME 2002))

Cependant la proximité de la croûte gypseuse avec la surface dans les niveaux 3 et 4 destine ces sols à la vocation des terrains de parcours, d'autant plus qu'ils sont soumis à l'érosion éolien et L'horizon supérieur du sol présente souvent une croûte qui rend l'infiltration d'eau difficile. La réserve nutritive des semences tend à diminuer continuellement saison après saison car la quantité d'eau dans le sol ne permet pas une germination réussie et une croissance ultérieure correcte à cause de faible réserve en eau. Les jeunes semis établis avec des techniques classiques de réensemencement ne survivent pas bien aux excès de sécheresse. De simples techniques de micro-impluvium pour la récupération de l'eau, peu onéreuses et demandant peu de moyens, ou le choix d'espèces xérophytes dont le système racinaire adapté aux sols peu évolués sont disponibles pour enclencher une réhabilitation biologique de ces niveaux dégradés.

CONCLUSION GENERALE

Tous les facteurs qui président à la formation et à l'évolution des sols de la vallée de l'oued Righ induisent une double différenciation dans l'organisation verticale des profils et dans la répartition latérale. En analysant les variations des résultats analytiques et morphologiques obtenus à partir des sebkhas, le paysage de la vallée d'Oued Righ .s'inscrivent dans une région qui évolue dans le cadre du système endoréique

Cette démarche cartographique nous a permis de collecter de très nombreuses observations en étudiant finement les relations qui existent entre les différents profils de sols qui se succèdent le long du versant L'importance relative de ces deux modes de différenciation dépend de l'orientation préférentielle (verticale ou oblique) des transferts d'eau, de solutés et de particules.

L'étude des caractéristiques morphologiques et chimiques permet de discerner quels sont les facteurs qui ont joué le rôle le plus déterminant dans la formation.et la répartition des sols. On constate que soit un facteur a toujours primé sur les autres, soit que l'action d'un facteur s'est exercée sur une durée plus longue, soit encore que les traits majeurs des actions héritées sont demeurés bien visibles.

dans la vallée de l'oued Righ est relativement fréquent et sa vitesse est importante durant les mois d'avril à juillet. Pendant cette période le Sirocco souffle fortement et provoque l'entraînement des matériaux sableux. De ce fait, il est responsable du modelé dunaire que l'on observe dans cette partie du Sahara. Ses effets sont accentués par l'absence d'un couvert végétal en particulier au niveau des sebkhas où l'entrainement des particules salines éolisables provoque une salinisation secondaire sur les surfaces étudiées et au delà. Ainsi s'explique la présence de croûtes gypseuses sur les niveaux supérieurs. Mais selon P. BUREAU et P.

ROEDERER (1960) il n'y a aucune surprise à trouver d'anciennes formations gypseuses de nappe en des lieux topographiquement élevés par rapport aux niveaux actuels de nappe car le niveau statique des grands appareils artésiens a baissé de plusieurs mètres durant le Quaternaire. Toutefois Au regard des résultats minéralogiques obtenus sur les échantillons prélevés des différents niveaux géomorphologiques, la distribution des minéraux argileux dans notre paysage obéit surtout à un mode de distribution géré par le vent pour les niveaux supérieurs (3 et 4). La part de l'héritage des minéraux phylliteux et quasi exclusive à l'exception de l'attapulgite, minérale fibreux décelée dans le profil b1, pourrait être issue (PAQUET ,1969) d'une néoformation . Cependant dans tous les niveaux, les apports latéraux des sulfates à partir de la dépression fermée ont contribué à la néoformation du gypse, à sa pétrification et son épaississement (surtout dans les niveau 3 et 4). En occurrence, pour le niveau 1 et 2, sous l'influence de la nappe phréatique, et où la richesse ionique de la solution du sol contribuerai à la transformation par aggradation de certains minéraux secondaires (le cas de la chlorite dans l'amplitudes des pics prennent des valeurs importantes dans le niveau 2 par rapport à celles relevées pour la smectite-chlorite dans les niveaux 3 et 4),ou même à leur éventuelle néoformation, mais cependant, aucune indication géochimique appuiera cela, sauf pour le gypse qui reste le plus distingué dans le cortège, et qui se développe au détriment des autres minéraux secondaires. Toutefois nous avons pu relever grâces aux résultats diffractométriques que la consolidation des croutes et encroutements dans le niveau 2 est postérieure à la formation de ce glacie

En abordant ce travail de thèse nous avons constaté la quasi inexistence de telles approches pour ces régions. Ainsi les interprétations pédogénétiques qui en découlent, restent limitées pour interpréter des résultats pour certains types de sols comme les paléosols. Ces études permettraient de passer de la carte des paysages morphopédologiques à une carte morphopédologique plus détaillée, faisant apparaître les différentes facettes morphologique du milieu, en unités de sol, avec l'appui des résultats analytiques, et des données géomorphologiques. Cette étude ouvre la porte à la réalisation d'une carte des sols sur l'ensemble de la vallée de l'oued Righ afin de préciser certains aspects de la géomorphologie régionale, et de prendre en compte les caractères géomorphologiques et pédologiques du milieu physique. Nous souhaitons développer, à l'avenir, cette cartographie afin de dé boucher sur une évaluation des potentialités agricoles des ces terres.

RÉFERENCES BIBLIOGRAPHIQUES

ABID .F, (1995). : *Caractérisation des sels des sols de l'Oued Righ* .Thèse Ing .Agro .Université de Batna, 47 p.

ANONYME (2002) : Nouvelle nomenclature du programme FNDRA .*Rapport technique* MADR.42 p

AOUN .S, (1995).: *Etude comparative de quelques méthodes d'analyse du gypse des sols sahariens (oued Righ, Ouargla et Biskra)* . Thèse Ing Dep.Pédo. Inst. Agro .Univ.Batna 68p

AUBERT.G, (1976) : Les sols sodiques en Afrique du Nord. *Annales INA*, Alger Vol n° 1 année 1976 pp 185-196.

AUBERT.G, GUILLEMIN.C PIERROT.R. (1978) : *Précis de minéralogie.* Paris : Masson, 1978, 332 p.

BAGNALOD.RA, (1954) :THE PHYSICS OF BLOWN SAND AND DESERT .ED DUNES.CHAPMAN AND HALL, LONDON (1954), 265 P.

BIAZ .D . (2000): *Guide des analyses en pédologie.* Ed INRA Paris . 2^{em} édition .255 p

BALLAIS J.L (2010) : Des oueds mythiques aux rivières artificielles : l'hydrographie du Bas-Sahara Algérien. *Physio-géo* .vol 4 .2010.p107-127

BALLAIS J.L MARRE A ROGNON P (1979) :Périodes arides du quaternaire récent et déplacement des sables éoliens dans les Zibans (Algérie).*revue de géologie dynamique et de géographie physique*.vol 21.Fasc. 2.pp 97-108-Paris

BELGAMAZE.A,(1992) : *Contribution à l'étude des sols à accumulation gypseuses de la région d'Ain Ben Naoui (Biskra).Essai sur la minéralogie des sols* .Thése Ing. Agro.Unive de Batna,130 p

BELKHODJA.K, (1971) *Origine / Évolution et caractères de la salinités dans les sols de la plaine de Kairouan (Tunisie), contribution à leur mise en valeur* . Thèse. Doct . Univ de Toulouse 103 p

BEN NADJI,A (1998) : Création d'Oasis dans le Sahara Algérien :Le projet de Gassi-Touil . *Sécheresse* N°4, pp289-298

BENNETT, A.C. ADAMS, F.(1972), Solubility and solubility product of gypsum in soil solutions and other aqueous solutions. *Proceedings of the Soil Science Society of America* **36**:288-291

BOULAINE.J, (1954) : La Sebkha de Ben Ziane et sa lunette ou bourrelet, Exemple de complexe morphologique formé par l'érosion éolienne des sols salés. Revue de *Géomorphologie Dynamique*..Ed 5. Pp 102-123

BOULAINE J. (1956). - Remarques sur l'utilisation réciproque des méthodes de la Géomorphologie, de la Géologie et de la Pédologie. *VIO Congrès Int. de Science du Sol.* E, V, Paris, 129-134.

BOULAINE.J,(1961): : Sur le rôle de la végétation dans la formation des carbonates calcaires méditerranéennes. *C.R. Acad, Sci*, Paris, t. 253, n° 22, pp. 2568-2570.

BOULAINE.J, (1974): *Cours d'hydropédologie* Paris, Ecole nationale du génie rural des eaux et des forêts.. 3Vol. 251 p

BOYADGIEV .G, (1974): *Les sols du Hodna*. PNUD/FAO. Rome rapport technique N°5. 141 p

BOYADGIEV.T.G SAYEGH.A.H, (1992): Forms of evolution of gypsum in arid soils and soil parent materials *Pédologie*. vol. 42, n°2, pp. 171-182

BUREAU P P ROEDERER.P, (1960.) : *Contribution a l'étude des sols gypseux du sud tunisien croutes et encroutements gypseux de la partie sud du golfe de gabes. Rapport du secrétariat* d'état à l'agriculture HAS . section spéciale d'études de pédologie et d'hydrologie. E-S :33. 39p

CAILLERE.S HENIN.S, (1963) : *La minéralogie des argiles, classification et nomenclature* .Ed :Masson et Cie .Paris ,355 p.

CALLEN.R.E, (1984) : Clay of the Palygorskyte –Sepiolite dispositional environoment,age and distrubution . *dévloppement in sedimentologie* . 37 Elsevier ,Amsterdam, pp 1-37 / 256 p

CHARLE.M, (1975): Remarque sur la genèse et l'âge des croutes carbonatées méditerranéenne. *Annales INA*, Alger.Vol n°1,année 1976, pp 159-162

COQUE.R (1962) : *La Tunisie présaharienne, étude géomorphologique.* Ed colin, Paris .Thèse d'état, 488 p

COQUE,R (1977) : *Géomorphologie* paris Armand Collins ,1 volume,.1 index, 53 figures .2 cartes .14 planche de photos . 430 p

CORNET.A BETIER .G, (1951) : *Carte géologique de l'Algérie.* Paris service de la carte géologique .2^{em} édition.

CORNET A, (1961): La géologie de l'Oued Righ .*Terres et eaux* .Alger. n°37 pp18-24
.
CORNET,A (1964) :Introduction à l'hydrogéologie saharienne. *Revue. de Géographie. Physique et Géologie Dynamique.* Paris. Ed Masson pp5-72.

CONRAD.G, (1969):L'évolution *continentale post-hercynienne du Sahara Algérien.* Éditions du CNRS Paris, - 527 pages

COUDE–GAUSSEN .G BLANC. P (1985): Présence de grains eolisées de palygorskyte dans les poussières actuelles et les sédiments récents d'origine désertique. *Bull. Soe. Géol.* France. Vol 4 819p. pp 571-580.

COUDE-GAUSSEN.G, (1987) : Observation au MEB de fibres de palygorskyte transporteés en grains par le vent. *Micromorphologie du sol* ,686 p, pp199-205

COUTINET.S, (1965): Méthodes d'analyses utilisables pour les sols salés, calcaires et gypseux, *Analyses des eaux.* INRA, n°2 , Paris ,pp 1242-1253

CPCS, (1967) : *Classification des sols.* Laboratoire. Géologie et de..Pédologie,-E.N.S.A. Paris Grignon. 78 p

DEKKICHE.D,(1974) : *Contribution à l'étude des sols du Hodna et corrélation géochimique des eaux de la nappe* .Thése Doct, Univ. Gand, 210 p

DEKKICHE.D, (1976) : Sur quelques sols à accumulation de gypse dans le Hodna. *Annales de l' INA ,Alger* . Vol VI, n°1, pp139-157 .

DROST. J. B, BHATTACHARYA.H SUNDURMAN .J.A (1962):Clay minerals altération in some indiana soils. *Clay and clay minerals* .9th national conference 1960. pp:329-343
DUBIEF.J, (1952)DUBOSTE .D (2002): *Ecologies, aménagements et développements agricole des oasis* algériennes. Ed du : Centre de recherche scientifique et technique sur les régions arides. CRSTRA 423 p.

DURAND.J, (1949) : Formation de la coute gypseuse du souf (Sahara) .CR .Société .Géo.Fr, n°13, pp141-142.

DURAND.J, (1958): *Les sols irrigables (Etude Pédologique)* Dir. Hyd. et Eco Agr Alger, 190p.

DURAND.J,(1963): Les croutes calcaires et gypseuses en Algérie, formation et age . *Bull .Soc. Géol de France*, Vol n° V ,pp959-963.

DUTIL.P, (1971) : Contribution *à l'étude des sols et des paléosols de Sahara*. Thèse doc. D'état, Faculté des sciences de l'université de Strasbourg. 346p

EL NEDJAR .H,(1998):*Contribution à l'étude de quelques caractéristiques morphologiques et biochimiques du fruit de quelques cultivars de palmier daatier (Phoenix dactylifera L) dans la vallée de Oued Righ* . Thèse Inge INFSAS Ouargla, 74p .

ESTORGES.P, (1961): Morphologie du plateau Arbaa T*ravaux de l'institut de recherche saharienne* .XX. pp 21-56 Alg BS GEOM
.
FAO, (1990) : Ménagement of gypsyferous soils . *Soils Bull* .n° 62 ,Rome ,81 p

FAKNOUS.T, (1984) : *Essai méthodologique sur la détermination de la CEC et des bases échangeables pour les sols contenant des sels peu solubles* .Thèse d'Ing. ,INA, Alger, 71p

FLAMMAND.G.B.M, 1911 : *Recherches géologique et géographique sur le haut pays de l'Oranie et sur le Sahara* 1001p, Ed A Rey et Cie ,152 fig ,15 carte.

FOURNET.A,(1969) *Etude pédologique de la dorsale tunisienne* . Thèse doctorat université de Paris 175 p

GAUTIER.M, (1953): Les chotts machines évaporatoires complexes. *Coll. .Intern Actions éoliennes, phénomènes d'évaporation et d'hydrologie superficielle dans les régions arides..* C.N.R.S , Paris, Vol XXI, pp 317-325.

GOUSKOV.N, (1964) : *Notice explicative de la carte géologique de Biskra au 1/200000* . Publication de la série géologique .Algérie . 13p

GUIRAUD.R, (1990) : *Evolution post-triasique de l'avant pays de la chaine alpin en Algerie . D'après l'étude du bassin du Hodna et des régions voisines* .Publication : Office national de la géologie, Alger 249 p

GUEZ.C , (1982) - L'Analyse Minéralogique des Sédiments par Diffraction de Rayons X. *Physio-Géo*, n° 3. Centre de Documentation du C.N.R.S., pp.73-84

GUYOT.J , DURAND.J.H, (1955) :L'irrigation des cultures dans l'Oued Righ . *Trav.de l'I.R.S* Univ d'Alger, T.XIII,pp75-130.

HACHICHA.M, (2007): Les sols salés et leur mise en valeur en Tunisie. .*Sécheresse* vol. 18, n°1, pp. 45-50 [6 page(s)

HALITIM.A, (1988): *Les sols des régions arides de l'Algérie*. Edition OPU. Alger 386 p

HALITIM.A, (1998): La croute de surface des sols en zone aride d'Algérie : Caractéristiques, mécanismes de formation et conséquence sur la désertification. *16^{em}congré mondial sur l'étude des sols*, Symposium N°31,n° d'enregistrement : 1499,4p

HALILLET.M.T ,(1998) : *Etude expérimentale de sable additionnée d'argile .Comportement physique et organisation en condition saline et sodique*. Thèse doctorat., I.N.A.P.G Paris.250p

HAMDI.A.B, (1988:) Contribution à la cartographie des sols de la zone de Ain El Kebira (Maskara) ,Etude de la relation sol-géomorphologie . Thése d'ing . INA ,Alger ,106p

JOB.J.O, (1981): Some problems in analysis of soils in arid areas. *International soil classification workshop*. Damas : ACSAD, 1981, p. 219-234

KADRI.A, (1987):*Pédologie des milieux gypseux en Tunisie présaharienne*, DEA des sciences de la terre .facultés des sciences de Tunis 163p

LATRECH.A,(1998) :*Micromorphologie des sols à accumulation gypseuses dans la region de Ain Ben Noui (Biskra)*. Thése ing. Agro .Univ de Batna. 88p

LUCAS.J TRAUTH.N, (1965) : Etude du comportement des montmorillonites à haute températures. *Bull .Serv .Carte géol .Als-lorr* .pp 217-242 .

MAGNIE.P,(1964): Les argiles des sols des régions subhumides d'Afrique occidentale *.Bull.Serv..Carte.Geol.Alsa-Lorr*. n^{0}14,pp111-128-

MARRE.A., (2007) : Cartographie géomorphologique et cartographie des risques. *Bulletin de l'Association des Géographes Français*, n° 1 ("Géographies"), p. 3-21.

MATHIEU L TOREZ.J, (1976) :Etude détaillée de deux niveaux quaternaires du couloir de Taza Guercif (Maroc oriental). *Annales INA Alger* Vol 1 pp124-138.

MTIMET.A, (1998) : Gestion durable de l'eau et du sol dans les oasis Tunisiennes *.16^{em}congré mondial de science du sol* .symposium n° 29,n°enregistrement :1462

MRABET.S : (2011) *Etude comparative de deux systèmes aquatiques dans le Sahara septentrional (Chott Merouane et Ain El Beida),environnement et signes de dégradation* thèse de magister université de Ouargla .p162

MUCKENHAUSEN, E.)1975). The soil classification system of the Federal Republic of Germany. *Pédologie. Intern. Symp*. 3, Soil Classification, Ghent, p. 57-74.

NAHON.D., PAQUET.H., RUELLAN.A. MILLOT.G. (1976): Encroûtements calcaires dans les altérations des Marnes éocènes de la falaise de Thiès (Sénégal) : organisation et morphologie. *Bull., oc Géol*.n° 28, pp. 29 - 46.

NESSON.C,(1971): *L'évolution des ressources hydrauliques dans les Oasis du bas Sahara Algérien*. Service de documentation et de cartographie - géographie .Vol 17 103p

NESSON.C, SARI.D., PEILLON..P, (1975): *Recherches sur l'Algérie,* Mémoires et documents, Service de documentation et de cartographie géographiques, Paris, éditions du *CNRS,242 p*

PAQUET .H -MILLOT RUELLAN A (1969) : Néoformation de l'attapulgite dans les sols a carapaces calcaires de la basse Moulaya (Maroc oriental). *CR. Acad. Sce* . Paris n°268 pp2771-2774

PAQUET .H. (1969) : *Evolution géochimique des minéraux argileux dans les altérations et les sols des climats méditerranéens et tropicaux à saisons contrastées.* Thèse Sci. Strasbourg et Mém. Ser. Carte géol. Als. Lorr., 30, (1970), 212 p.

PAUWELS, (1992) : *Manuel de laboratoire de pédologie, Méthodes d'analyse des sols et des plantes* .Publication agricole N°28 265p

PNUD, (1971) : *Oued Righe ,cadre physique, étude des ressource en eau Définition du projet* .Ed du Programme des nations unies pour le développement (fond spéciale 119p

POUGET.M, (1968) : Contribution à l'étude des croûtes et encroutements gypseuses de nappe dans le sud tunisien. Cahier ORSTOM .Série pédologie. Vol n°3-4 pp309-

POUGET.M, (1980) :Les relations sol-vegétation dans les steppes sud-algéroises (Algerie). Ext *Academie d'agriculture de France.* pp 953-954

QUEZEL.P ,(1958): *Mission botanique au Tibesti mémoires de l'institut de recherche au Sahara* .Université d'Alger 357p

REBBAH.A, (1993) : Cours de cristallographie. Technique de diffraction des rayons X et interprétation des diagrammes. Ed OPU. Algérie ,75p

RIVIERE.A : (1959): Sur la représentation graphique de la granulométrie des sédiment meubles. *Bull. Soc.Géol. Fr*,6ᵉ série,T II, pp145-154.

ROBERT.M, (1974) :Principes de détermination qualitative des minéraux argileux à l'aide des rayons X. Problèmes particuliers posés par les minéraux argileux les plus fréquents dans les sols des régions tempérées .*Ann.Agro* n°26(4), pp363-399

HALITIM A., ROBERT M., (1987) : Interaction du gypse avec les autres constituants du sol : analyse microscopique de sols gypseux en zone aride (Algérie) et études expérimentales. In Fedoroff et all. (ED) *: soil micromorphology*, AFES.pp 179-186

RODIER.J (1976): *L'analyse de l'eau. Eaux naturelles ,eaux résuduaires ,eaux de mer* . Tome I n°5 ,Dunod Tech , Bordas ,Paris, 629p

ROLLAND.G (1888) : Les atterrissements anciens du Sahara, leurs âges pliocènes et leur synchronisme avec les formations pliocènes d'eau douce de l'atlas .*bull CRAS* 106pp 960-964

RUELLAN.A, (1976): Morphologie et répartition des sols calcaires dans les régions méditerranéennes et désertiques. *Annales INA* , Vol n°1 pp11-39

SCOTT.A.D SMITH.S.J, (1966): Susceptibilty of interlayes potassium in micas to exchange with sodium .Clays and clay minerals. proced 14th Nat conf. *earth science* .V25 pp247-261.

SCHACHTSCHABEL.P.,(1971) . Méthodes par rapport au sol H-Bestimming ême.PflErnahr. *Dung, Bodenk*.N°130 ,pp37 – 43

SCHON.C , (1969): Contribution à la connaissance des minéraux argileux dans les sols marocains. *Cahiers Rech. Agro.* INRA. n°34 ,18-24pp

SERVANT.J, (1974) : Sur le rôle des cristaux de Na Cl dans la genèse d'une structure poudreuse à la surface de certains sols salés. *CR. Acad. Sc* .Paris 278 pp589-591

SERVANT.J, (1978) : La salinité dans le sol et les eaux : caractérisation et problème d'irrigation et de drainage . *Bull. BRGM*, section III, n°2, pp123-142

SOGREAH, (1971): *Participation à la mise en valeur de l'Oued Righ*. Etude agro-pédologique , Doc. Poly .MTPC.Alger pp7-36.

TESSIER.D (1972) : *Recherches expérimentales sur l'organisation des particules dans les argiles* . Thèse C.N.A.M, Paris ,288p

TESSIER.D (1998) : Influence des minéraux argileux et des composés associés sur les propriétés physiques des sols .*16^{em}congré mondial sur l'étude des sols* .Symp n :4,n°Enr :3004,4p

TIMPSON M. E, . RICHARDSON J. L, . KELLER L. P. MCCARTHY G. J, (1986) : EVAPORITE MINÉRALOGY ASSOCIATED WITHE SALINE SEEPS IN SOUTH WESTERN NORTH DAKOTA. *SOIL. SCI. SOC* VOL 50 PP490-494 .

TOUTAIN.G (1979). *: Eléments d'agronomie saharienne de la recherche au développement* . Ed :INRA, Paris ,276p

VIANI B.E., AL-MASHHADY A.S DIXON J.B. ,(1983) Mineralogy of Saudi Arabian soils: Central alluvial basins. *Soil Sci. Soc. Am. J.* 47, 149-157

VIEILLEFON J, (1979) : Contribution à l'amélioration de l'étude analytique des sols gypseux. .*Cah . ORSTOM* .Ser, péd , XVII N° 3, pp195-223.

VIEILLEFON.J ,(1976). *Inventaire critique des sols gypseux en Tunisie : étude préliminaire*. Tunis : DRES ; ORSTOM, , (98), 80 p.

VILLE.L, (1867): Exploration géologique_ du Béni Mzab du Sahara et de la région des steppes de la province d'Alger .Ed Box 270p

VOGT. T (1984) Problèmes de genèse des croutes calcaires du Quaternaire.- *Bull Cent Rech Explor.Prod Elf Aquitaine,8.1 pp209-221*

WANG.J,(1998) : Grille d'identification pour classifier les sols désertiques alcalinisés.Bases théoriques d'une alcalinisation par hydrologie..*16^{em}congré mondial pour l'étudys des sols*. Symp N°29 .n°Enr :1619.1p

WATSON.A (1985): Structure chemistry of gypsum crust in southern Tunisia and the central Namibian desert. *Sédimentology*, Vol n°32, pp855-875

WILLBERT.J, (1961) : Le Quaternaire dans les Doukkala . *Notes marocaines, Soc Geogr.,Maroc*, n^{0}16,pp 5-30

WILBERT.J, (1965): Tirs et sols tirsifiés au Maroc .*Annales de L'.INRA*, Maroc ,n^{0}20,pp 23-85

ZIDI. CH. HACHICHA.M., (1997): *Régime de la nappe superficielle et incidences sur la salure des sols et la production des dattes dans l'oasis de Tarfaya (Kébili)*. ES - 297, Direction des Sols,. Tunis 24 pages.

ANNEXES

Niveaux	Profils	Profondeur (cm)	)% de la fraction grossière (FG)	% de la fraction Fine (FF	% du gypse dans la FF	% du gypse dans la FG	% du Caco₃ dans la FG	% du Caco₃ dans la FF
1	d1	0 - 30	79.8	20.2	42.1	46.6	2.7	2.6
		30 - 60	64.4	35.6	48.1	54.3	1.8	1.7
	d2	0 - 25	81.1	18.9	57.2	51.2	1.7	1.7
		25 – 55	63.4	36.6	61.2	64.3	1.4	1.4
	d3	0 - 15	82.4	17.6	36.4	30.1	2.7	2.6
		15 - 45	51.2	48.8	65.6	63.2	1.2	1.3
2	c1	0 – 15	67.6	32.4	60.6	54.2	2.2	2
		33- 75	60.4	39.6	39.2	46.4	2.6	2.4
	c2	0 - 45	81.5	18.5	37.2	31.4	1.8	1.6
		70 - 120	49.7	50.3	45.2	50.8	18.1	15.2
	c3	0 - 20	81.3	18.7	24.8	18.1	2.2	2.2
		20 – 75	72.5	27.5	47.2	55.1	2.6	2.2
		75 – 100	58.6	41.4	59.1	63.6	2.2	2.2
3	b2	0 - 35	85.8	14.2	30.6	23.5	3.4	3

Annexe 1 : Résultats des dosages du gypse et du calcaire totale dans les fractions granulométriques grossières (≥ 50µ) et fine (≤50µ).

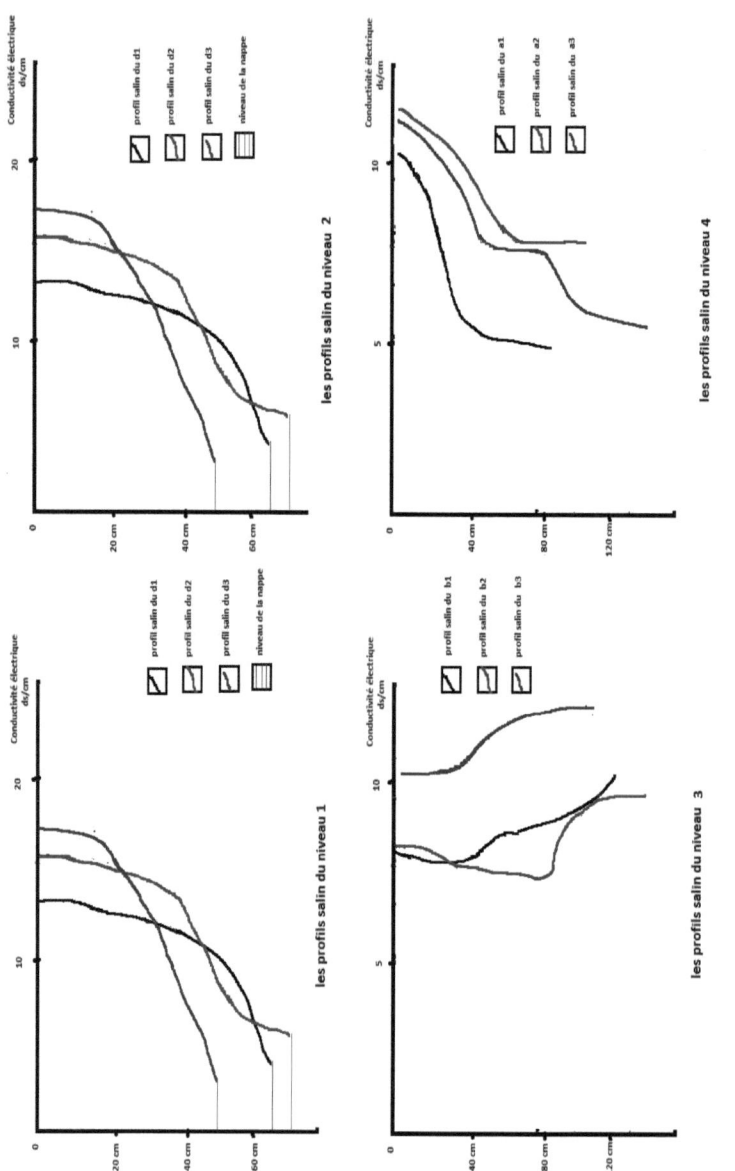

Annexe 2 : Les profils salins

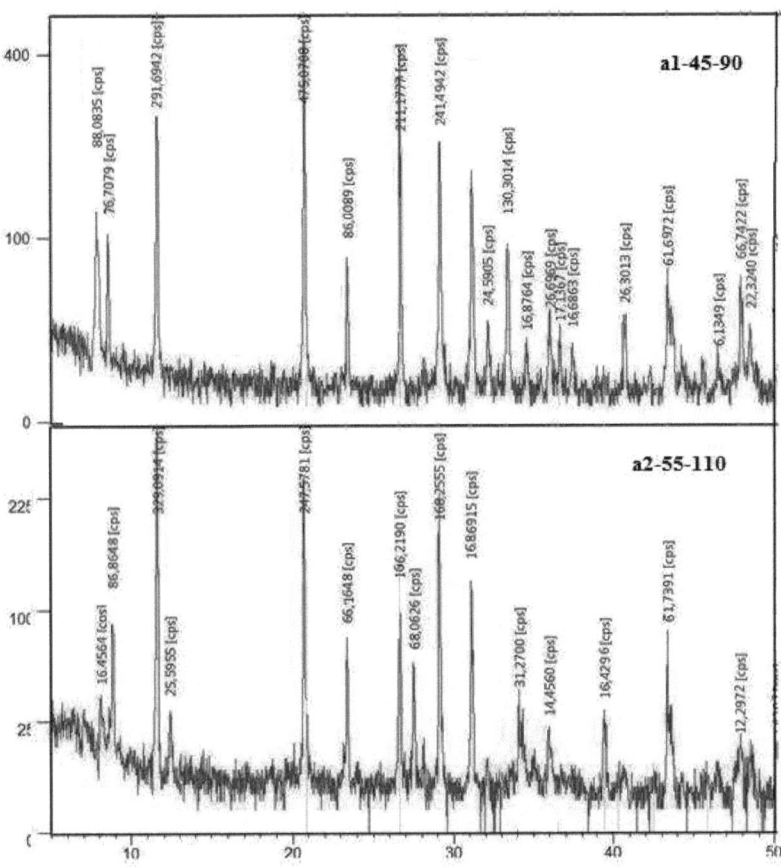

Annexe 3: Les difractogrames des profils a1 et a2 du niveau 4

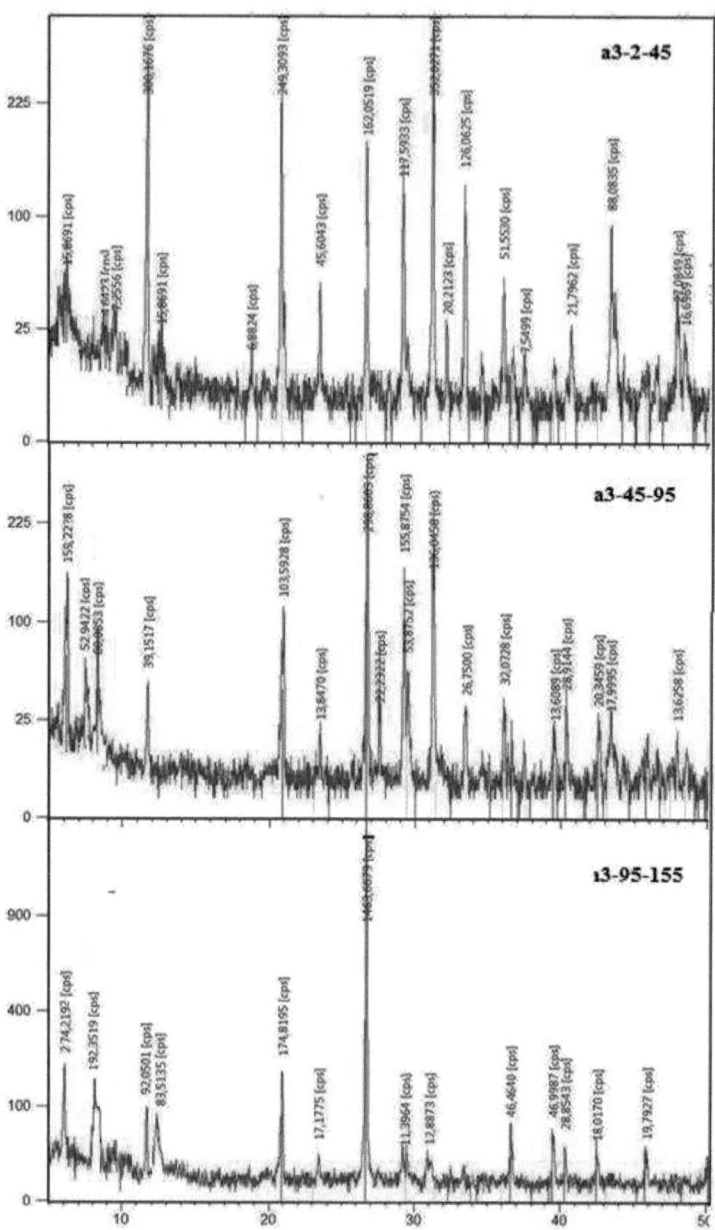

Annexe 4: Les difractogrames du profil a3 du niveau 4

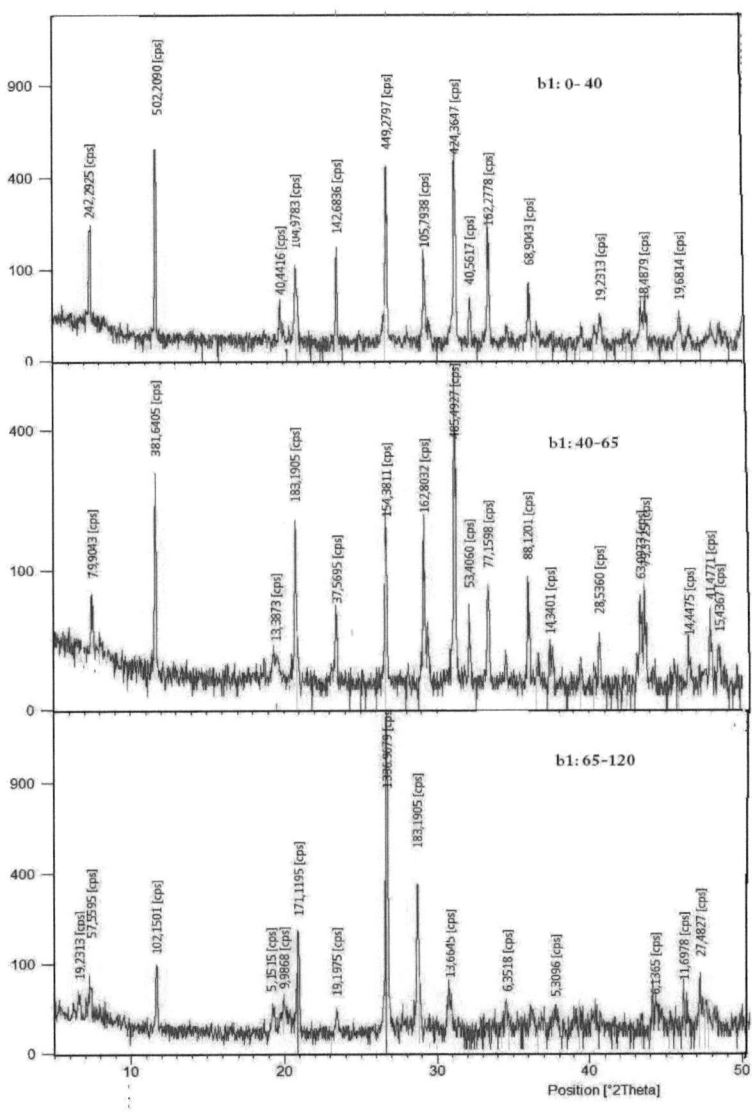

Annexe 5: Les difractogrames du profil b1 du niveau 3

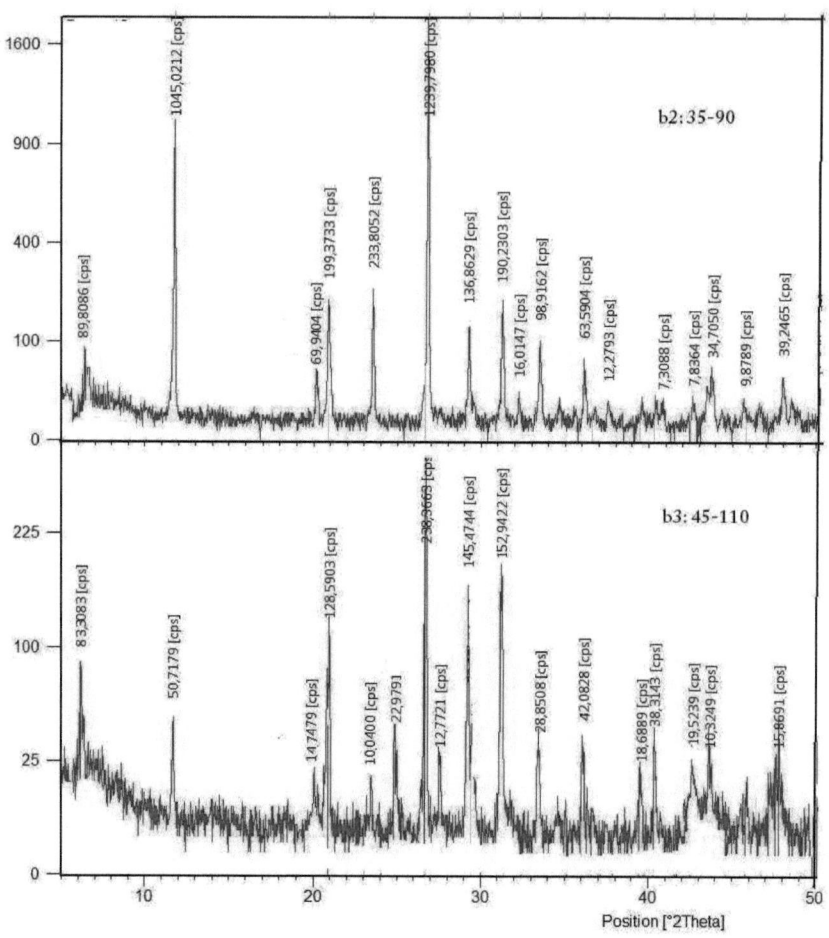

Annexe 6: Les difractogrames des profil b2 et b3 du niveau 3

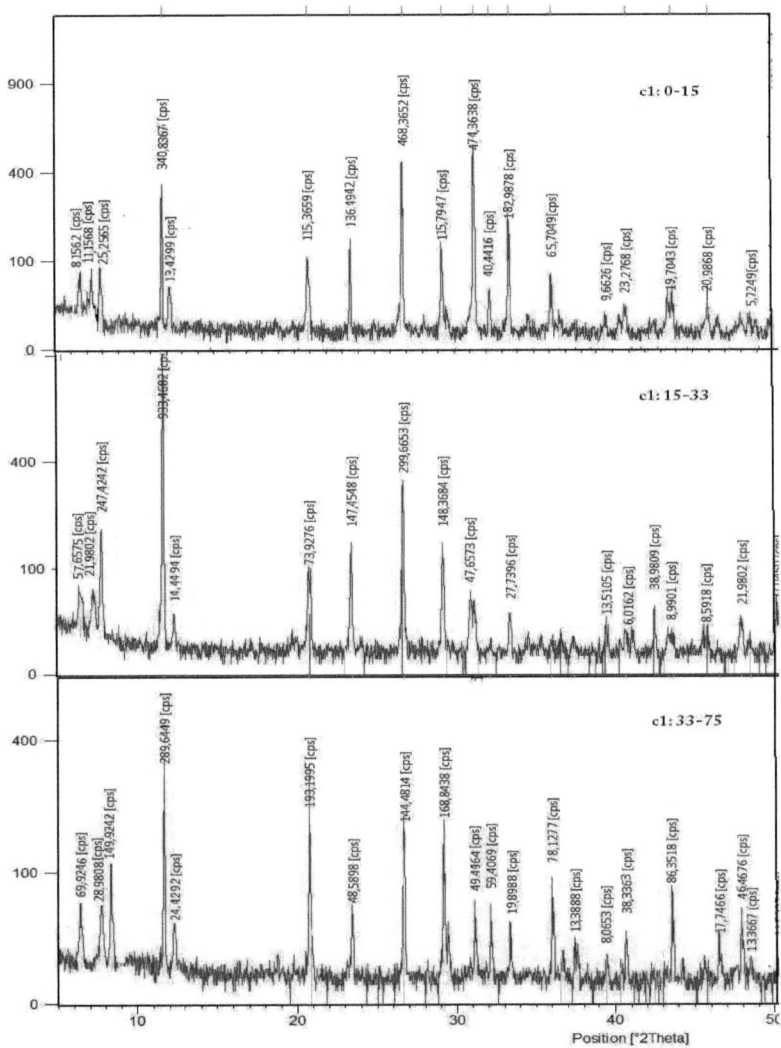

Annexe 7 : Les difractogrames du profil c1 du niveau 2

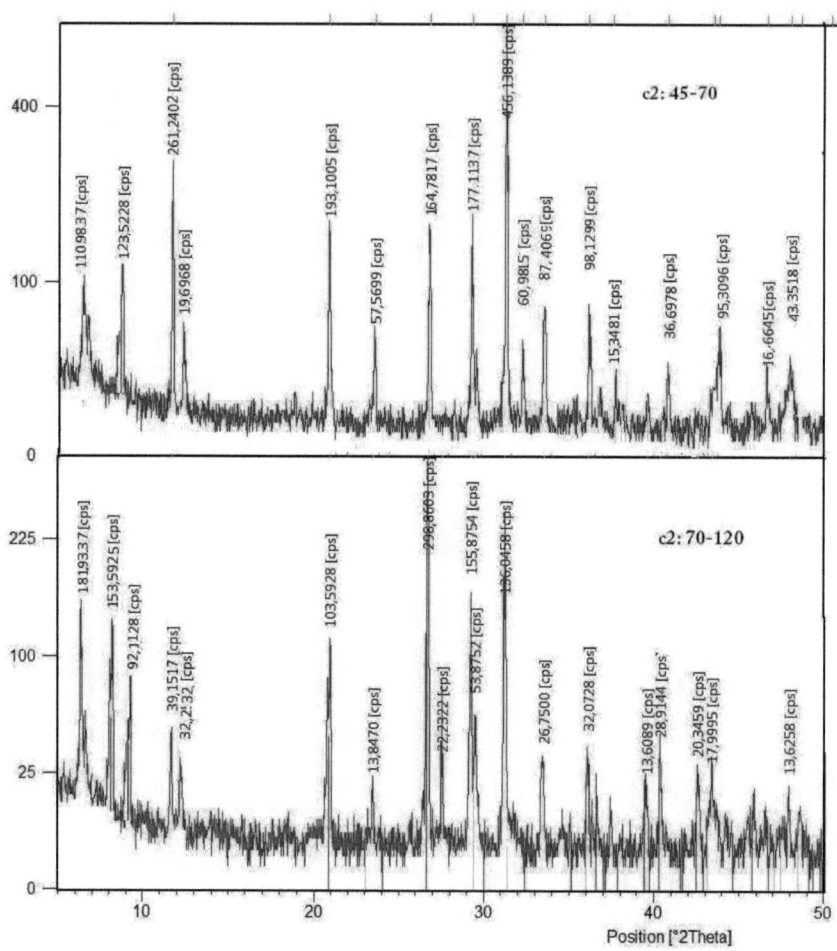

Annexe 8: Les difractogrames du profil c2 du niveau 2

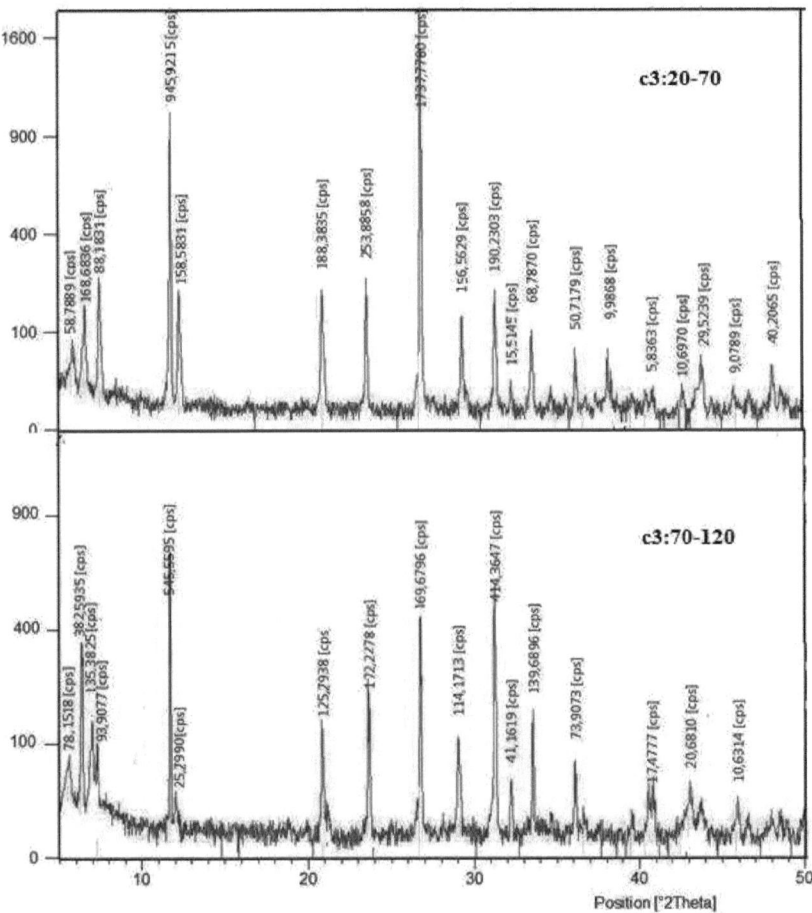

Annexe 9: Les difractogrames du profil c3 du niveau 2

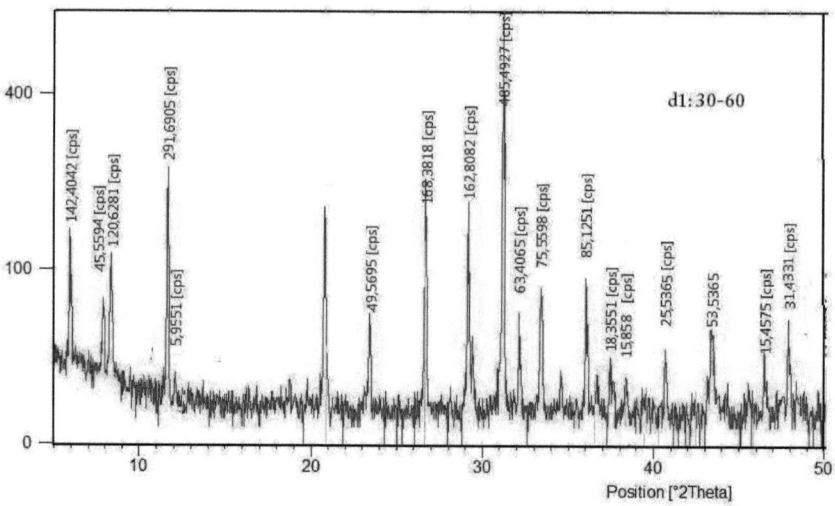

Annexe 10: Les difractogrames du profil d1 du niveau 1

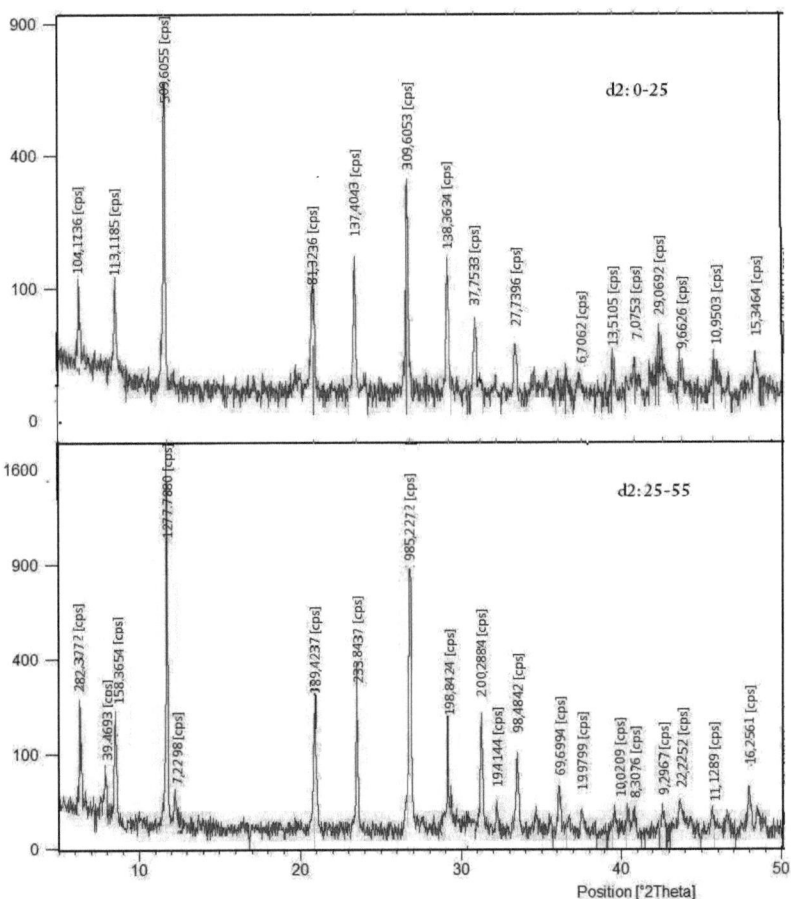

Annexe 11 : Les difractogrames du profil d2 du niveau 1

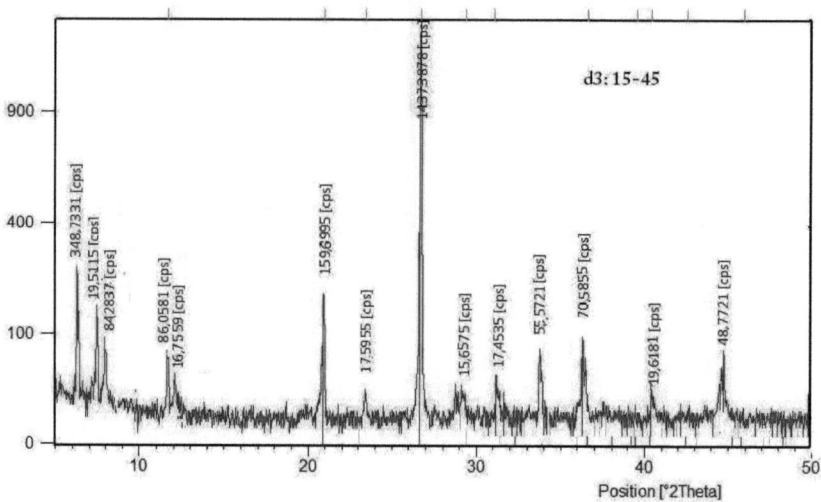

Annexe 12: Les difractogrames du profil d3 du niveau 1

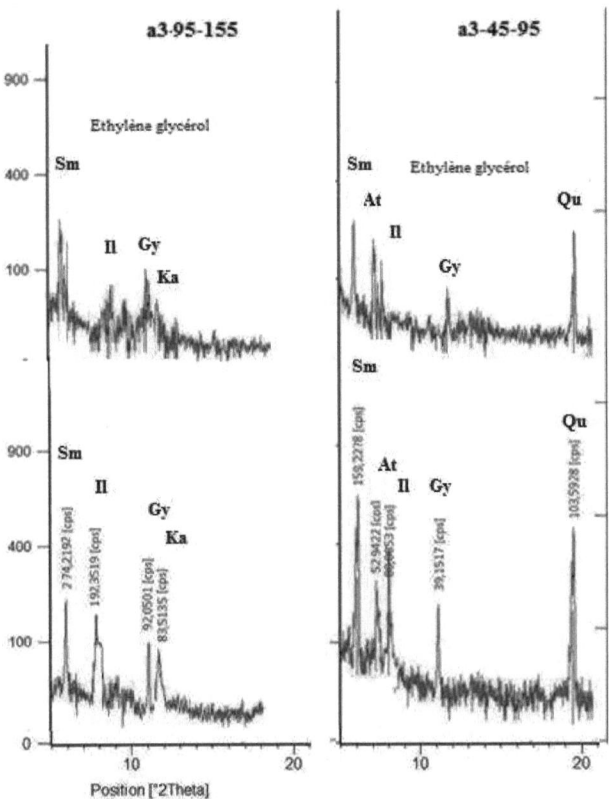

Annexe 13: Traitement à l'étylen glycérol pour les horizons du profil a3 (profodeurs(cm) : 95-155 et 45-95)afin de bien distinguer la smectite

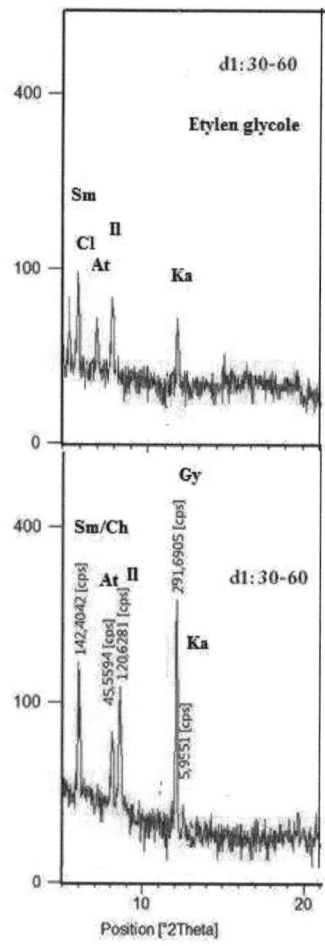

Annexe 14: Traitement à l'étylen glycérol pour les horizons du profil d1 (profodeur(cm) : 30-60 et 45-95)afin de bien distinguer la smectitede la chlorite

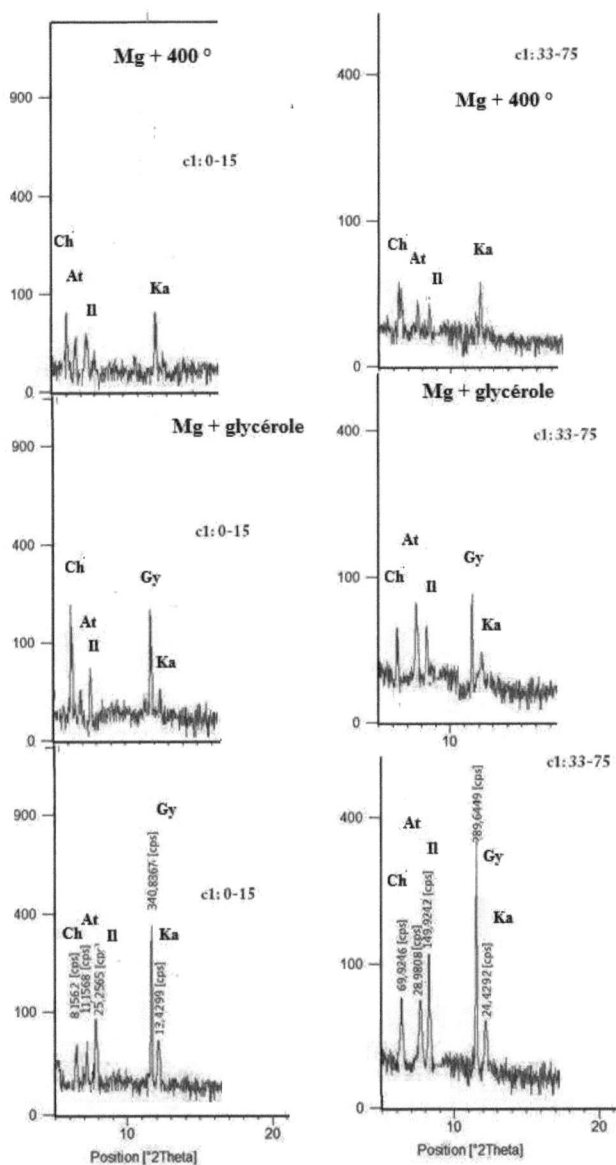

Annexe 15: Traitement à l'étylen glycérol et de chauff pour les horizons du profil c1 (profodeurs(cm) : 0-15 et 33-75) afin de bien distinguer la chlorite et la kaolinite

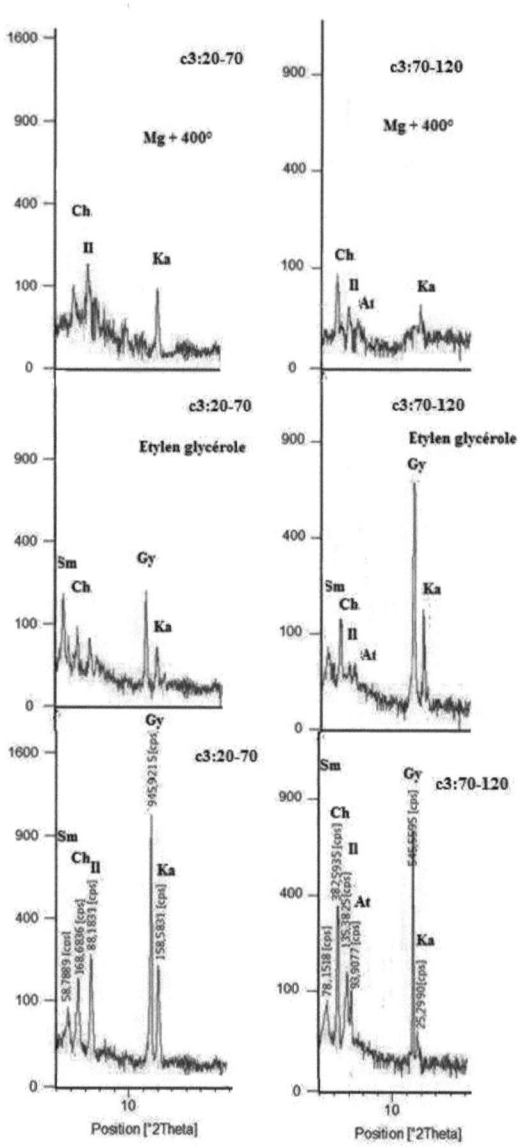

Annexe 16: Traitement à l'étylen glycérol et de chauff avec saturation avec le Mg pour les horizons du profil c3 (profodeurs(cm) : 20-70 et 70-120) afin de bien distinguer la chlorite, la kaolinite et la smectite

Oui, je veux morebooks!

i want morebooks!

Buy your books fast and straightforward online - at one of world's fastest growing online book stores! Environmentally sound due to Print-on-Demand technologies.

Buy your books online at
www.get-morebooks.com

Achetez vos livres en ligne, vite et bien, sur l'une des librairies en ligne les plus performantes au monde!
En protégeant nos ressources et notre environnement grâce à l'impression à la demande.

La librairie en ligne pour acheter plus vite
www.morebooks.fr

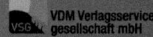

VDM Verlagsservicegesellschaft mbH
Heinrich-Böcking-Str. 6-8   Telefon: +49 681 3720 174   info@vdm-vsg.de
D - 66121 Saarbrücken   Telefax: +49 681 3720 1749 www.vdm-vsg.de

Printed by Books on Demand GmbH, Norderstedt / Germany